Oliver Knott • Aquascaping-Fibel

Oliver Knott

Aquascaping-Fibel

Modernes Aquariendesign leicht gemacht

Dähne Verlag

Fotonachweis:
Alle Fotos, außer den besonders gekennzeichneten, sind vom Autor.

Bibliografische Information der Deutschen Bibliothek

Die Deutsche Bibliothek verzeichnet diese Publikation in der Deutschen Nationalbibliografie; detaillierte bibliografische Daten sind im Internet über http://dnb.ddv.de abrufbar.

ISBN 978-3-935175-70-8

Druck: Freiburger Graphische Betriebe
Printed in Germany

Inhalt

Vorwort

Aquascaping ist die hohe Kunst der Aquariengestaltung und nach Meinung einiger Aquariengestalter (oder Aquascaper) eigentlich nur etwas für Experten. Dieser Eindruck bestätigt sich, wenn man im Internet recherchiert oder die wenige Literatur darüber studiert. Im deutschsprachigen Raum gibt es derzeit nur die Übersetzungen der Bücher von Takashi Amano, dem japanischen Großmeister des Aquascaping, der mit seinen Naturaquarien wohl der Vater des Aquascaping genannt werden kann.

Aber was ist Aquascaping eigentlich? Meine Definition lautet: Gestalten Sie Ihr Aquarium so, dass es für das menschliche Empfinden harmonisch und ästhetisch wirkt, und die Bewohner – Fische wie Wirbellose – sich darin wohl fühlen.

Grundsätzlich legen die meisten Aquascaper großen Wert auf viel Licht über ihren Aquarien, um die Pflanzen in ihrer vollen Pracht gedeihen zu lassen. Das bedeutet aber auch, dass man sich mit Wasserwerten, CO_2-Versorgung und Düngung beschäftigen muss. Also doch eher was für den fortgeschrittenen Aquarianer?

Diese kleine Fibel wird dem Einsteiger in das Aquascaping zeigen, dass mit wenigen Kenntnissen, Fingerspitzengefühl und Geschmack aus jedem Aquarianer oder Neueinsteiger ein guter Aquascaper werden kann.

Einleitung

Welches Aquarium eignet sich für den Einsteiger am besten? Bei dieser Frage kommt man schnell zum 60-cm-Standard-Aquarium. Von dieser Aquariengröße werden Einsteiger-Sets inzwischen schon zu einem Preis von unter 30 Euro beim Discounter angeboten. Aber auch der Fachhandel hat qualitativ gute und preiswerte Sets im Angebot.

Auch in Zeiten, da überall „Nano-Aquarien" angeboten werden, ist dieses 60-cm-Einsteiger-Set immer noch das meist verkaufte Aquarien-Set in Europa. Allein in Deutschland gehen pro Jahr mehr als 500.000 dieser Aquarien über die Ladentheke. Es ist zu vermuten, dass 60 Prozent davon auf dem Speicher oder auf dem Müll landen. Es wäre schön, wenn dieses Buch es schaffen könnte, diese Zahl entscheidend zu verringern, denn nach der Lektüre dieses Buches sollte jeder Leser das Notwendige wissen, damit das neue Aquarium zu einem dauerhaften Schmuckstück in der eigenen Wohnung wird.

Ich habe mich entschlossen, aus der Fülle unterschiedlicher Beckenformen und -fabrikate anhand von drei Modellen die schrittweise Einrichtung eines schönen und zugleich pflegeleichten Aquariums vorzustellen. Diese Einrichtung ist natürlich auch auf andere Fabrikate mit ähnlichen Formen übertragbar.

Dieses Buch richtet sich ausdrücklich an Einsteiger in der Aquaristik und setzt kein Grundwissen voraus. Ganz bewusst soll die Hürde für den Einstieg in die Aquaristik niedrig gehalten werden, damit zuviel Fachwissen nicht den Start in ein schönes Hobby oder in die Einrichtung eines dekorativen Wohnaccessoires belastet. Hobby und/oder Dekoration, beides kann ein Aquarium sein.

Die Qual der Wahl

Welches ist das geeignete Standard-Set für mich?

Wie so oft im Leben hat man auch hier die Qual der Wahl und kann sich also ganz nach persönlichen Bedürfnissen und Geschmack entscheiden.

Im Vorfeld sollte man also gut überlegen, welche Kriterien und Ansprüche das Aquarium erfüllen soll. Nachfolgend finden Sie Pro und Contra für jedes Set. Dabei geht es nicht darum, eines der Sets zu bevorzugen, sondern ich möchte Ihnen die Eigenschaften möglichst neutral vorstellen.

Set 1: Basic

Ein klassisches 60-cm-Standard-Starter-Set mit einem Volumen von 54 Litern. Diese Sets – im Beispiel ein Modell der Firma Vitakraft (es gibt aber noch sehr viele ähnliche) – werden häufig als günstige Einsteiger-Aquarien im Handel angeboten. Sie enthalten eine relativ einfache Technik und unser Einrichtungsbeispiel kommt ohne zusätzliches Zubehör aus. So wie es aus dem Karton kommt, kann man also loslegen.

Fazit: „Geiz ist geil". Wenn man sich durch solche Schlagworte zum Kauf eines Produkts entscheidet, darf man nicht erwarten, ein hochwertiges Premium-Produkt zu erhalten. In Sachen Verarbeitung und Technik muss man Abstriche machen. Natürlich muss auch ein preiswertes Aquarium den gängigen Sicherheitsregeln entsprechen. Prüfen Sie also in jedem Fall, ob die elektrischen Geräte wie Filter, Heizung und Beleuchtung entsprechende Prüfzeichen tragen. Aber auch mit diesen Sets kann man ein schönes Aquarium einrichten.

Pro
- Günstiger Preis
- Geringer Platzbedarf
- Geringes Gewicht
- Geringe Stromkosten

Contra
- Technik ist im Aquarium sichtbar
- Abdeckung behindert das Arbeiten im Aquarium
- Relativ schwache Beleuchtung (0,27 Watt pro Liter)
- Nur für wenige Fische geeignet

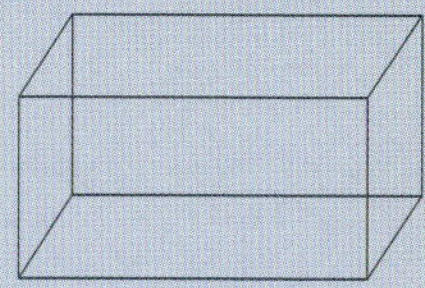

Abmessungen: 60 x 30 x 30 cm

Liter: 54

Beleuchtung: 1 x 15 W

Filter: Eheim/Vitakraft-Innenfilter

Leistung: 150-300 l/h, 4 W

Heizer: Regelheizer 50 W

Extras: Thermometer Premium Vita Flockenfutter 100 ml

Foto: Vitakraft

Set 2 Cube

Seit Nano-Aquarien sehr beliebt sind, kommen vermehrt Aquarien in Würfelform auf den Markt. Ein solches 60-cm-Cube als Set der Firma Dennerle wurde hier als Beispiel gewählt. Dieses Fassungsvermögen gehört natürlich nicht mehr zu den Nano-Aquarien, es sieht aber schick aus, und die dazugehörige Technik wird hier zusätzlich mit einer kleinen Bio-CO_2-Anlage erweitert.

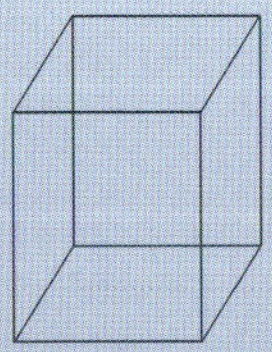

Abmessungen:
38 x 38 x 43 cm

Liter: 60

Beleuchtung:
2 x Nano Light 11 W

Filter:
Nano Eckfilter XL,
150 l/Std, 2 W

Heizer:
Nano-Regelheizer, 25 W

Extras:
Schwarze Rückwandfolie, Schaumstoffunterlage, Nano Pflegeset, Nano Garnelenkies Sulawesi Black, Nano DeponitMix Nährboden, Nano Thermometer, CrustaGran Garnelenfutter

Pro

- Faires Preis-Leistungs-Verhältnis
- Cooles Design
- Günstige Stromkosten
- Gutes Handling durch den Verzicht auf eine konventionelle Abdeckung
- Relativ gute Beleuchtung durch die verwendeten Kompaktleuchtstoffröhren

Contra

- Filter etwas zu klein, durch seine Feinfilterung (die eigentlich gut ist) verliert er schnell an Leistung
- Glasabdeckscheibe muss relativ oft gereinigt werden, damit das Licht nicht zu sehr reduziert wird
- Die Kalkränder beim Wasserstand sind optisch nicht schön und müssen regelmäßig gereinigt werden

Foto: Dennerle

Fazit: Diese Art von Aquarien (Würfelform) zwingen bei der Einrichtung ein wenig zum Umdenken, da sie von der klassischen Aquarienform (eher lang als hoch) abweichen. Bei der Qualität der Technik muss man auch hier ein paar Abstriche machen, aber insgesamt ist man gut versorgt.

Set 3 Premium

Ein solides und hochwertiges 60-cm-Set ist das aquapro 60 XL der Firma Eheim. Das Aquarium ist etwas tiefer und höher als die Basic-Variante und verfügt über doppelt so viel Beleuchtung (und ist von mir zusätzlich mit eine CO_2-Anlage ausgestattet).

Fazit: Von den Dimensionen her am besten geeignet, um klassisches Aquascaping zu betreiben. Insbesondere die Tiefe ist von Vorteil, um später gestalterisch aus dem Vollen schöpfen zu können. Wie auch bei den anderen Sets, muss man aber in Kauf nehmen, dass große Teile des hinteren Aquarienbereichs von der Technik eingenommen werden (Filter, Heizung, CO_2 -Anlage).

Pro

- Fairer Preis
- Gute Verarbeitung und Technik
- Gute Beckendimension
- Mehr Sicherheit durch unterliegenden Kunststoffrahmen (Kiesblende)
- Größeres Wasservolumen und dadurch besser zur Fischhaltung geeignet
- Faire Stromkosten
- Beleuchtung gut, da sehr großflächig
- Gutes Preis-Leistungs-Verhältnis

Contra

- Relativ großer Filter. Gut für die Wasserqualität, aber Abzüge in der Optik
- Effektives Arbeiten im Aquarium nur möglich, wenn dafür die Abdeckung vom Aquarium entfernt wird. Wenn eine Abdeckscheibe verwendet wird, bildet sich allerdings relativ viel Schwitzwasser an der Innenseite.

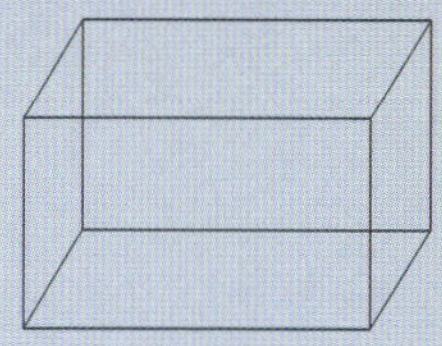

Abmessungen:
60 x 35 x 40 cm

Liter: 84

Beleuchtung:
T8, 2 x 15 W

Filter:
Eheim Aquaball130, 180-550 l/h, 6 W

Heizer:
Jäger Heizstab 45 W

Extras:
Fischnetz
Thermometer

Foto: Eheim

Basiswissen für Einsteiger

Standort

Aquarien in Fensternähe müssen gut abgeschattet werden.

Bevor Sie sich ein Aquarium zulegen, haben Sie sich sicher überlegt, wo es stehen soll. Ein ganz wichtiger Punkt, der über Erfolg oder Misserfolg entscheiden kann. Zur Vereinfachung finden Sie hier eine Liste, welcher Standort nicht infrage kommt und welcher optimal ist:

Hier gehts gar nicht

- Direkt am Fenster ohne Abschattung
- Wintergarten
- Räume mit extremen Temperaturschwankungen (unbeheizte Keller u.a.)
- Im Sommer extrem warme Dachgeschoss-Zimmer
- Direkte Sonnenbestrahlung (insbesondere auf Seiten- und Frontscheibe)
- Sehr empfindliche Oberflächen oder Bodenbelag (Orientteppiche)

Hier wärs optimal

- Relativ dunkle Standorte in Wohnräumen
- Badezimmer und Küchen (insbesondere für kleine Aquarien interessant)
- Büros (nicht zu hell)
- Schrank- oder Wandnischen

Um die Pflege zu vereinfachen, sollten in der Nähe des Aquariums einige Voraussetzungen geschaffen werden:

- Stromanschluss (Dauerstrom)
- Wasseranschluss in der Nähe (hauptsächlich relevant bei größeren Aquarien)
- Wasserabfluss z.B. Badezimmer (auch hier eher für größere Aquarien relevant)
- Platz für eventuelle Zusatztechnik (Außenfilter, CO_2-Anlage)
- Stauraum für Pflegematerial und Futter

Technik

Technik ist ein notwendiges Übel im Aquarium, eigentlich stört sie die Optik und passt so gar nicht zu der natürlichen Anmutung, die wir im Aquarium erzeugen möchten. Da ein Aquarium jedoch ohne die richtige Technik nicht zu betreiben ist, versuchen wir sie so gut wie möglich zu kaschieren und zu verbergen. Auch wenn die hier vorgestellten Komplettsets alle wichtigen technischen Bestandteile sofort einsatzfähig enthalten, ist es für das Betreiben des Aquariums wichtig, einige Grundlagen über diese Geräte zu wissen.

Filter

Die im Set enthaltenen Filter können meist platzsparend eingebaut werden.

Der Innenfilter wird meist an der Scheibe mit Saugnäpfen befestigt oder in eine entsprechende Halterung eingehängt. Die Pumpe im Filter saugt das Wasser durch Schlitze im Filter an, leitet es durch das Filtermaterial (Filterwatte, Filterschaum) und gibt es gereinigt durch das Ausströmerrohr wieder zurück. Auf dem Filtermedium sammeln sich Bakterien an, die von den Abfallstoffen im Aquarium leben. Sie verwandeln diese Stoffe (Futterreste, Tierkot etc.) vorwiegend in Nitrat, welches zum Teil von den Pflanzen im Aquarium benötigt wird. Das restliche Nitrat wird mit dem regelmäßig notwendigen Teilwasserwechsel entfernt. Die Kapazität solcher Filtermedien ist allerdings relativ schnell verbraucht und man muss sie regelmäßig etwa alle vier Wochen auswaschen bzw. austauschen (bei Vlies/Watte). Manche Hersteller installieren hinter den mechanischen Filtermedien noch biologische. Das sind Filtermedien, die durch ihre große Oberfläche (Tonröhrchen, Siporax etc.) eine Menge an „guten" Bakterien aufnehmen können. Diese Bakterien sorgen für den Schadstoffabbau im Aquarium und sollten bei der Reinigung nur leicht mit altem Aquariumwasser ausgespült werden.

Foto: Eheim

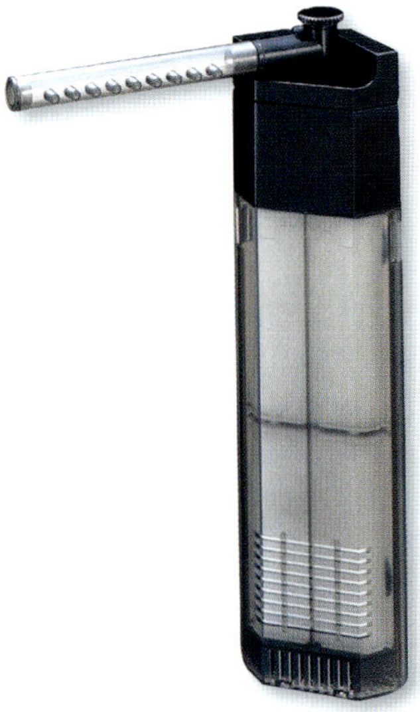

Foto: Dennerle

Da die Menge an biologischem Filtermaterial bei kleinen Innenfiltern sehr gering ist, sollte man sich aber nicht allzu arg darauf verlassen und den Tierbesatz und das Futter gering halten. In jedem Fall sollte die Bedienungsanleitung des Herstellers vor der Inbetriebnahme gründlich gelesen werden.

Wenn Sie Ihr Set jedoch optimieren möchten, habe ich noch folgenden Vorschlag:

Nano-Außenfilter

Glücklicherweise gibt es inzwischen auch sogenannte Nano-Außenfilter. Gerade für Beckengrößen bis ca. 60 Liter sind sie ausgezeichnet geeignet. In der Filterleistung stehen viele Innenfilter den Nano-Außenfiltern in nichts nach, diese haben jedoch einen ganz entscheidenden Vorteil: Man bemerkt sie kaum im Aquarium. Außer einem kleinem Ansaugkorb und einem Filtereinlauf ist nichts mehr von der Filtertechnik zu sehen, das lässt das Herz eines jeden Aquarium-Ästheten höher schlagen und man gewinnt im Becken mehr Platz und kann sich gestalterisch ungestört entfalten.

Im Gegensatz zu den Innenfiltern haben sehr kleine Außenfilter auch den Vorteil, dass diese wesentlich mehr Filtermedien und ein größeres Filtervolumen besitzen. Das Filterprinzip ist dasselbe, es gibt einen mechanischen und einen biologischen Part in diesen Filtern. Der Vorteil ist klar, durch das größere Volumen kann man diesen Außenfilter an normal besetzten Nano-Aquarien oft drei bis vier Monate laufen lassen, ohne ihn zwingend sauber machen zu müssen.

Eine sinnvolle – weil zeitsparende – Anschaffung kann ein Außenfilter sein.

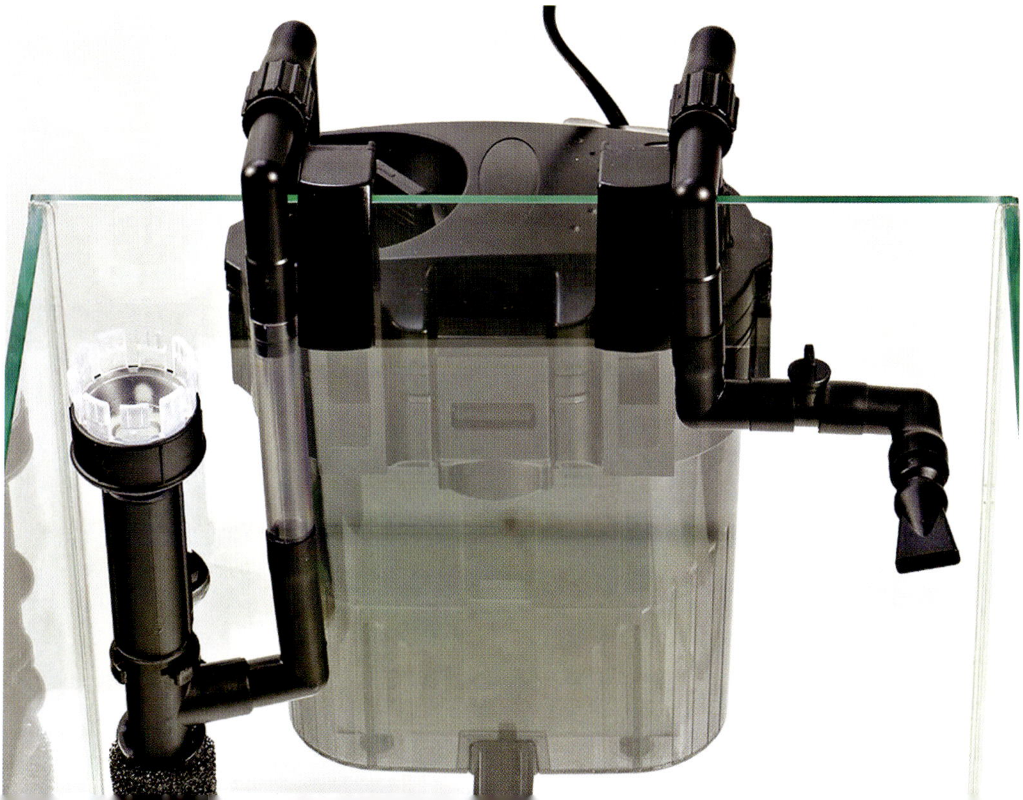

Foto: Dennerle

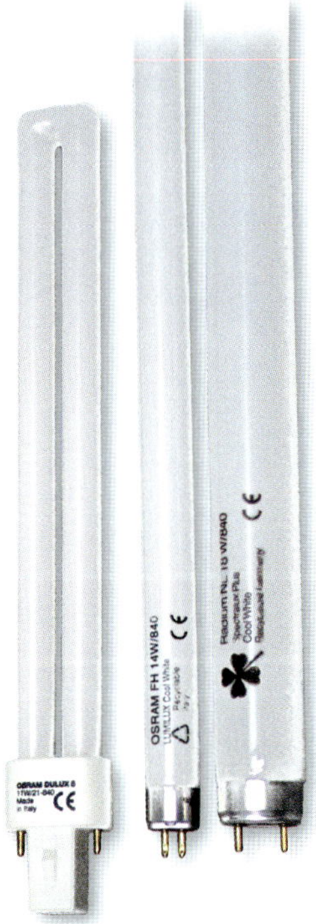

Beleuchtung

Verschiedene Leuchtstofflampen: T8, T5 und Energiesparlampen.

In Sachen Beleuchtung gibt es viel Bewegung auf dem Markt seit es die LED-Technik gibt. Trotzdem sind die meisten Aquarien mit Leuchtstoffröhren (T5-Standard-Leuchtstoffröhen oder T8-Röhren, eine dünnere Version mit höherer Lichtausbeute) ausgestattet. Dazu kommen noch die Kompaktleuchtstoffröhren (ähnlich den Stromsparlampen), die meist bei den Aquarien angeboten werden, die „offen" sind und wo die Lampe am Aquarium angebracht ist.

T5-Standard-Röhren: der Dauerbrenner und die noch immer am häufigsten angebotene Leuchte. Sie gibt relativ viele Lichtfarben und Spektren. Mit einer Tageslichtröhre macht man erst mal nichts falsch. Nach einem Jahr Brenndauer lässt allerdings die Leuchtkraft stark nach und spätestens dann sollte auch die Röhre erneuert werden

T8-Röhren: Diese Röhren besitzen bei gleicher Länge meistens fast 50 bis 60 Prozent mehr Leuchtkraft. Sie sind auch etwas länger, etwa zwei Jahre, haltbar. Nachteil ist, dass sie sehr heiß werden können.

Kompaktleuchtstoffröhren: In Bezug auf Größe, Energie, Anschaffungspreis und Lichtausbeute eigentlich mit das Beste, insbesondere für kleinere Aquarien bis 60 Liter. Meistens aber nur als Tageslichtröhre verfügbar, was aber in der Regel ausreicht. Ihre Lebendsdauer beträgt etwa zwei Jahre.

LED-Leuchten: Sicher die Zukunft für die Beleuchtung von Aquarien. Die hohe Lebensdauer (bis 10 Jahre) und der sehr geringe Stromverbrauch sind die wichtigsten Vorteile. Hinzu kommt, dass sie dimmbar sind und dass – je nach Art – das komplette Farbspektrum einstellbar ist. Nachteil ist leider der noch recht hohe Anschaffungspreis. Das wird sich in den kommenden Jahren aber sicher ändern.

Heizung

Die Stabheizung funktioniert praktisch wie ein Tauchsieder, nur dass das Heizmedium meist hinter Glas versteckt ist und sich in dem Heizstab eine Regeleinheit befindet, die das Wasser auf einer voreingestellten Wassertemperatur hält. Inzwischen werden auch schon sehr kleine und optisch nicht mehr so auffällige Stabheizer angeboten, die allerdings auch ihren Preis haben und deshalb noch nicht in den Einsteiger-Sets ihren Platz gefunden haben. Der Heizer wird ebenfalls mit Saugnäpfen an der Scheibe angebracht, dann wird die Temperatur eingestellt, den Rest regelt ein im Heizer angebrachtes Thermostat.

Sollten Sie sich auf Garnelen- und Schneckenhaltung beschränken, können Sie eventuell auch ganz auf eine Heizung verzichten (mit Ausnahme einiger Arten).

Der Durchfluss-Heizer

Wenn Sie einen Außenfilter verwenden, gibt es schon sehr lange ein Produkt auf dem europäischen Markt, das sich aber im deutschsprachigen Raum noch nicht durchgesetzt hat. Das Prinzip ist ganz einfach: Das Wasser läuft nach dem Außenfilter durch eine Art Röhre, in der ein Heizkörper eingebaut ist. Mithilfe eines Thermostates wird im Inneren dieses Rohres die Temperatur gemessen und entsprechend geregelt. Das ist eine elegante Lösung, den Stabheizer im Aquarium überflüssig zu machen.

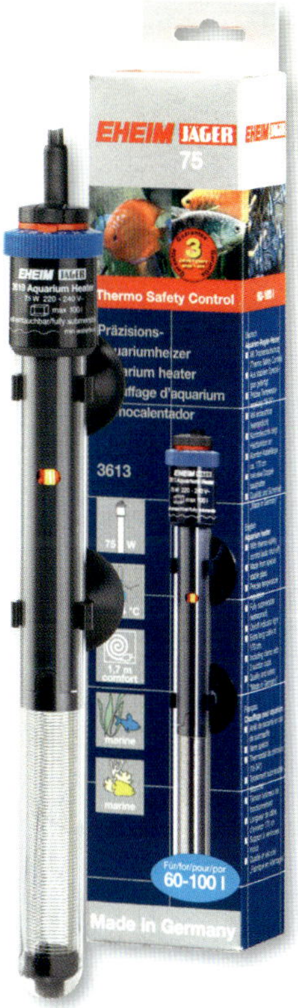

Foto: Eheim

Foto: Dennerle

Stabheizer sind in den Standardsets oft nicht enthalten, für viele Aquarientiere aber zwingend erforderlich.

Die Kombination: der Thermofilter

Es gibt immer eine Steigerung und für die Kombination von Filterung und Heizung gibt es einen klaren Testsieger, den Thermofilter. Die perfekte Lösung für unsere Standard-Sets ist ein Thermofilter bis 150 Liter Inhalt. Er ist klein und kompakt, läuft wie ein Schweizer Uhrwerk und ist unschlagbar, wenn man keine sichtbare Technik im Aquarium haben möchte. Ebenfalls ein großer Pluspunkt ist die normale, insbesondere für kleine Aquarien passende, Schlauchgröße von 12/16 mm, ausgezeichnet geeignet bei Aquarien von 50 bis 150 Litern. Aber alles hat seinen Preis und so kann der Anschaffungspreis eines Thermofilters den des Aquarien-Sets schnell mal um einige Euros überschreiten.

Foto: Eheim

Der Thermofilter heizt das Wasser außerhalb des Aquariums auf.

CO_2-Anlage

Wie schon erwähnt, werden das Cube und das Premium-Set zusätzlich mit CO_2 versorgt. Diese CO_2-Versorgung ist notwendig für sehr viele Wasserpflanzen und verändert das Pflanzenwachstum teilweise sehr positiv. Der Kohlenstoff, der den Pflanzen durch das gasförmige Kohlendioxid zugeführt wird, ist einer der wichtigsten Nährstoffe, damit Wasserpflanzen überhaupt wachsen können. Um den Einsteiger nicht zu sehr zu verwirren, habe ich versucht, alle drei Möglichkeiten, die man am Anfang hat, abzuwägen: kein CO_2 (Standard), Bio- CO_2 (Cube) und konventionelle CO_2-Druckgasflasche (Premium).

Wasserpflanzen sind sehr wandlungsfähig und können sich nach wochenlangem langsamem Wachsen plötzlich prima entwickeln – und das auch ohne CO_2-Zugabe, was oft mit den biologischen und bakteriellen Veränderungen im Aquariumwasser zusammenhängt. Doch wer auf Nummer Sicher gehen will, sollte von Anfang an mit einer CO_2-Anlage liebäugeln.

Bio-CO_2 wird in einem Gärvorgang hergestellt und dosiert abgegeben.

Bio-CO_2

Basierend auf dem Gärungsprinzip wird hier praktisch klimaneutrales CO_2 hergestellt. Es wird ein Gemisch von Wasser und Gärungszusätzen angesetzt, das nach ca. zwei bis drei Tagen das Aquarium mit CO_2 versorgt, welches als Abbauprodukt der Gärung aus der Flasche ins Aquarium geleitet wird. So ein Ansatz riecht dann nach drei bis vier Wochen ein wenig wie „Neuer Wein", allerdings ist von einer Weinprobe dringend abzuraten. Nach etwa vier bis sechs Wochen muss dann neu angesetzt werden. Ein effektiver und relativ günstiger Einstieg in die Welt des CO_2. Wenn man mehr CO_2 ins Wasser einbringen möchte, geht das nur mir zusätzlichen Bio-Flaschen.

Druckgas-CO_2

Der Klassiker. Mithilfe eines Druckminderers, der auf der CO_2-Flasche sitzt, kann praktisch unbegrenzt CO_2 in Gasform in das Aquarium geleitet werden. Die Flaschengröße bzw. der Inhalt der Flaschen reicht von 80 Gramm (Nano) bis zwei Kilogramm und mehr. Am Druckminderer befindet sich ein Nadelventil, womit man die Menge der CO_2-Zugabe exakt einstellen kann. Als Maßeinheit wird hier meistens die Blasenzahl genommen, das heißt, man zählt die austretenden Blasen in der Minute/Sekunde.

Unbedingt zu empfehlen ist ein Magnetventil hinter dem Druckminderer, mit dem man die Zugabe automatisch abschalten kann, wenn auch das Licht des Aquariums ausgeht. So spart man bis zu 50 Prozent am Verbrauch, denn bei Dunkelheit benötigen die Pflanzen kein CO_2, im Gegenteil, sie produzieren welches.

Druckgas-CO_2 kann man extakt dosiert ins Aquarium geben.

Foto: Dennerle

Tools

Aquascaping-Tools

Pinzette: Unabdingbar, wenn man Aquarien richtig bepflanzen möchten, aber auch später leistet sie wertvolle Dienste. Es gibt Pinzetten in Minaturformat bis hin zu großen 50 cm langen Pinzetten.

Sand-Flatterer: Eine Art Spachtel oder Lineal, mit dem man den Bodengrund während der Einrichtung schön in Form bringen kann.

Scaping-Pinsel: Für Trockenlayout ein Muss. Mit dem Pinsel lassen sich die Steine von überschüssigem Bodengrund befreien und Steinstrukturen freisetzen.

Wasserzerstäuber: Der Lebensretter für Pflanzen, wenn man sein Becken „trocken" einrichtet, wie hier beschrieben. Er sorgt dafür, dass die Pflanzen nicht austrocknen.

Gießkanne: Für Nano-Aquarien empfehle ich den Einsatz von einer oder zwei 10-Liter-Gießkannen, sowohl zum Befüllen, als auch später für den Wasserwechsel super geeignet.

Pflegetools

Eimer: Ohne Eimer keine Aquaristik. Pflanzenreste sammeln, Fische umsetzen, Wasserwechsel durchführen und anderes. Zehn Liter sind das Minimum.

Schlauch: Der 12/16-Schlauch mit einem Innendurchmesser von 12 mm eignet sich am besten für den Wasserwechsel. Das Wasser rutscht nicht zu schnell durch und man hat genug Zeit, den Schlauch als eine Art Staubsauger zu verwenden. Eventuell kann man diesen dann auch mit einer Mulmglocke (gibt es inzwischen auch für Nano-Aquarien) kombinieren.

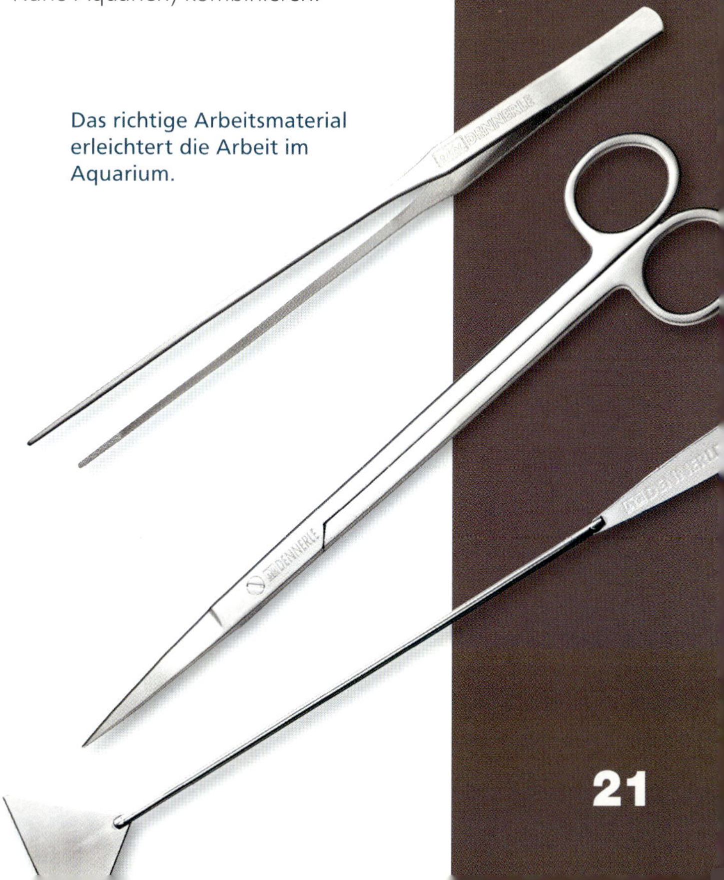

Das richtige Arbeitsmaterial erleichtert die Arbeit im Aquarium.

Schere: Ohne die gehts nicht. Eine Schere mit langem Stiel und gebogener Schnittfläche, besondes klein für Nano-Aquarien und ultraleicht für die Profis. Egal ob man die Wasserpflanzen nur ab und zu von braunen und gelben Blättern befreien will oder regelmäßig trimmen möchte, die Scheren sind unverzichtbar.

Netz: Klein, groß, breitmaschig oder feinmaschig, das Netz ist so eine Art Staubwedel fürs Aquarium, Pflanzenreste verschwinden elegant aus dem Aquarium. Natürlich dient es aber auch als Fangnetz für Fische, Garnelen und Schnecken.

Küchenpapier: Als Pflanzenabdeckung beim Einrichten (siehe Beispiele), zum Aufsaugen von Pfützen oder nur zum Putzen der Scheiben außen, das klassische Küchenpapier gehört in jedes Pflegesortiment.

Scheibenreiniger: Ich empfehle eine alte und bewährte Methode, die Filterwatte. Damit verkratzt man keine Scheiben (außer man hat Kies dazwischen), macht das Silikon des Aquariums nicht kaputt und sieht deutlich, ob sich Schmutz auf der Innenseite des Aquariums befindet (da die Filterwatte weiß ist). Alle anderen Scheibenreiniger kann man natürlich auch verwenden, sollte aber unbedingt die Herstellerangaben beachten, da sonst schnell die Scheiben verkratzt sind (Klingen, Stahlwolle, Algenmagnet).

Foto: Fotolia

Wichtigste Voraussetzung für alles Zubehör: Es gehört exklusiv zum Aquarium und wird sonst nirgendwo im Haushalt benutzt.

Rückwand

Wie wichtig ist Ihnen Ihre Wandfarbe zu Hause, oder Ihre Tapete? Genauso wichtig ist die Rückwand eines Aquariums. Ich empfehle unifarbene oder leicht transparente Rückwände, vielleicht auch beleuchtete oder für den High-End-Freak sogar einen Flatscreen-Bildschirm.

Ich persönlich verwende nur noch antistatische Rückwandfolien, die man ohne Klebstoff, nur mit Wasser, einfach außen an der Rückwandscheibe des Aquariums anbringen kann. Sie haben den großen Vorteil, dass man sie leicht entfernen und gegen ein anderes Motiv austauschen kann. Dabei kann man die alten Folien aufheben und später wieder benutzen. Es gibt sie in deckenden Farben wie Schwarz, Blau aber auch Weiß oder Orange, immer entstehen andere Stimmungen und Effekte. Und es gibt transparente Farben, die dem Aquarium eine ganz besondere Note geben. Sei es eine Art Milchglaseffekt (Nebel) oder eine blautransparente Anmutung. Mit einem Leuchtkasten, hinter dem Aquarium installiert, lassen sich auch besondere Effekte erzielen, was dem Aquarium einen ganz speziellen Touch gibt.

Den Vogel schießt aber der Flatscreen ab. Auf der Heimtiermesse in Hannover habe ich 2011 ein solches Experiment gewagt, das einen durchschlagenden Erfolg hatte. Die Möglichkeiten sind schier unbegrenzt und der Fantasie keine Grenzen mehr gesetzt. Da Flatscreens und LED-TV immer günstiger zu bekommen sind, könnte ich mir vorstellen, dass in den kommenden Jahren diese Art der Rückwandbeleuchtung bzw. ein Rückwand-Entertainment einen ganz besonderen Platz einnimmt – und wenn ich selber dafür sorge. „Der einzig wahre Realist ist der Visionär" sagt der italienische Filmregisseur Frederico Fellini.

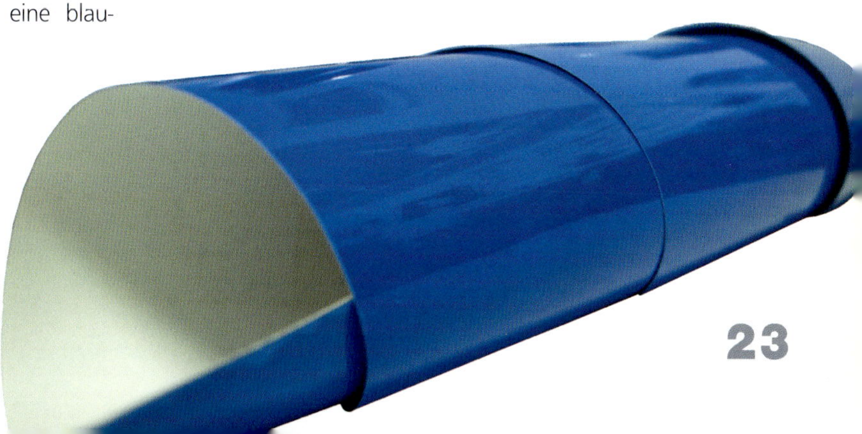

Antistatische Folie ist leicht und ohne Klebstoff anzubringen.

Bodengrund

Es spielt es eine entscheidende Rolle, welche Pflanzen in das Aquarium kommen. In manchen Fällen ist es notwendig, einen mit Nährstoffen angereicherten Nährboden unter den eigentlichen Bodengrund oder Kies einzubringen bzw. zu mischen.

Bodengrunddünger

Er kommt in der Regel unter den eigentlichen Bodengrund bzw. wird diesem beigemischt. Je nach Sorte bestehen die Dünger meistens aus Lehm, Ton, Laterit und Sandgemisch. In der Regel ist die Lebensdauer und Düngewirkung auf maximal ein bis zwei Jahre beschränkt. Danach kann man mithilfe von Düngekugeln/-stäben nachträglich düngen, indem man diese in den Kies zwischen die Pflanzen drückt.

Sand

Reinen, sehr feinen Sand kann man nehmen, sollte ihn aber nicht zu dick einbringen. Drei bis fünf Zentimeter genügen. Wenn man eine Sandschicht von mehr als acht Zentimetern hat, kann es leicht passieren, dass es mangels Wasserbewegung in den unteren Schichten zur Anhäufung von Fäulnisgasen kommt – also aufpassen.

Naturkies

Ein Klassiker, der neutral (nicht kalkhaltig) gut zu verwenden ist. Er muss gut ausgewaschen werden, weil er meist sehr dreckig ist.

Farbkies

Die meisten Farbkiessorten sind entweder eingefärbt oder mit Kunststoff ummantelt. Solange es sich nicht um ein Billigprodukt handelt, kann man diese Kiessorten ohne Bedenken benutzen, insbesondere die Sorten für Garnelen. Wenn Sie ihn auswaschen, dann nur mit kaltem Wasser. Am besten wählt man relativ naturnahe Farben, die auch zu der Dekoration und den Tieren passen.

Aktiver Bodengrund

Unter dieser Bezeichnung versteht man Substrate, die aus einer speziellen Mischung verschiedener Erden gebrannt werden. Dieser Bodengrund versorgt – im Gegensatz zu einem passiven Bodengrund wie Sand und Kies – die Pflanzen im Aquarium mit Nährstoffen und kann außerdem die im Wasser überschüssigen Nährstoffe einlagern. So wird einerseits das Wachstum von Algen vermindert, die Nährstoffe sind aber andererseits für die Wurzeln der Pflanzen verfügbar.

Hardscaping

Die Einrichtung erfolgt ohne Wasser, nur die Pflanzen müssen leicht feucht gehalten werden.

Ich dekoriere und pflanze und dabei ist gar kein Wasser im Aquarium. Da gehen die Wasserpflanzen doch gleich ein, oder?

Diese Art der Aquarieneinrichtung praktiziere ich vom 10-Liter-Aquarium bis zum 10.000-Liter-Aquarium – erst dekorieren, dann bepflanzen und zum Schluss mit Wasser füllen. Was spricht dafür, dass ich das Aquarium im Trockenzustand bepflanze? Sauberes und freies Handling im Aquarium ohne das Medium Wasser dazwischen. Es ist viel einfacher, die Pflanzen in ein unbefülltes Aquarium einzusetzen. Man kann sie genauer an den richtigen Stellen platzieren, insbesondere wenn es um das traditionelle Bepflanzen mit der Pinzette geht. Auch wenn man sich mal vertut, zieht man einfach die Pflanze raus und steckt sie wieder neu in den Bodengrund. Wenn Sie dies einige Male in einem bereits befüllten Aquarium machen, verschlechtert sich zunehmend die Sicht durch Wassertrübungen. Da alles sehr trocken abläuft, nicht ständig rein und raus mit der Hand und dem Arm, bleibt auch die Überschwemmung erspart.

Eine kleine Einschränkung gibt es allerdings: Sie müssen aufpassen, dass Ihnen die Pflanzen nicht austrocknen. Darum nach dem Setzen der ersten Pflanzen mithilfe eines feinen Wasserzerstäubers den Inhalt des Aquariums besprühen. Aquarienlayouts sind kleine Kunstwerke und jeder Stein, jede Wurzel ist einzigartig. Wenn Sie das eine oder andere Layout aus diesem

Buch nachbauen möchten, suchen Sie sich einfach ähnliche Steine in Größe und Form aus und halten Sie sich nicht zu arg fest an der exakten Größe und Form meiner Dekoration. Sie können auch durchaus Ihren eigenen Scapingstil ausprobieren.

Dekoration

Ein entscheidendes Element beim Aquascaping ist die Dekoration und das damit verbundene Gestalten mit Dekorationselementen. Dieses „Hardscape", so bezeichnen wir die Gestaltung mit Steinen ohne Pflanzen, ist wohl so ziemlich das Einfachste, was man machen kann – hat aber trotzdem eine interessante Wirkung auf den Betrachter.

Versuchen Sie den Hauptstein nicht unbedingt exakt in die Mitte des Aquariums zu setzen, sondern leicht versetzt nach links oder rechts. Einfach etwas ausprobieren, damit es unnatürlich-natürlich wirkt. Im Layout, das wir als „zentrales Layout" bezeichnen, wirkt es am besten, die Brudersteine direkt an den Hauptstein zu setzen. Dies gibt dem Layout ein natürlicheres Aussehen, als wenn die drei Steine mit viel Abstand zueinander in das Aquarium gestellt werden.

Anhand unserer drei vorgestellten Layouts kann man sehr gut drei verschiedene Arten von Layout-Stilen beschreiben:

Das versetzte Gebirge

Mit dem größten Stein schafft man automatisch den höchsten Punkt im Layout und bringt ihn dann leicht versetzt entweder auf die rechte oder linke Seite. So, dass ausgehend von diesem Stein, die anderen in der Höhe abfallend gesetzt werden.

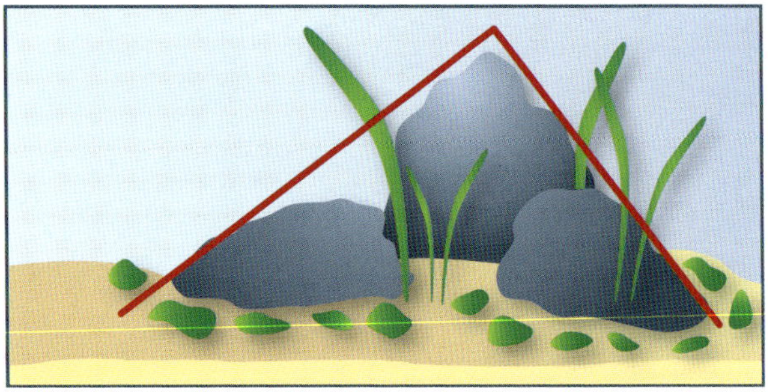

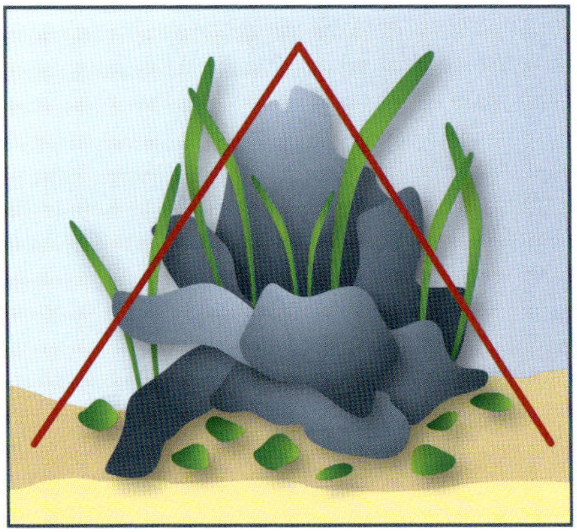

Zentral

Hier wurde eine zentrale Steinsetzung gewählt. Relativ mittig wird der größte Stein gesetzt und davon ausgehend schließen sich mittlere bis kleine Steine an. Besonders geeignet sind diese Layouts für die Würfel-/Cube-Aquarien.

Geteiltes Layout

Hier werden zwei unterschiedlich große Gebirge gesetzt, die von einer freien Fläche in der Mitte unterbrochen werden. So hat man ein geteiltes Layout mit einer Art Pflanzenstraße bzw. Tal dazwischen.

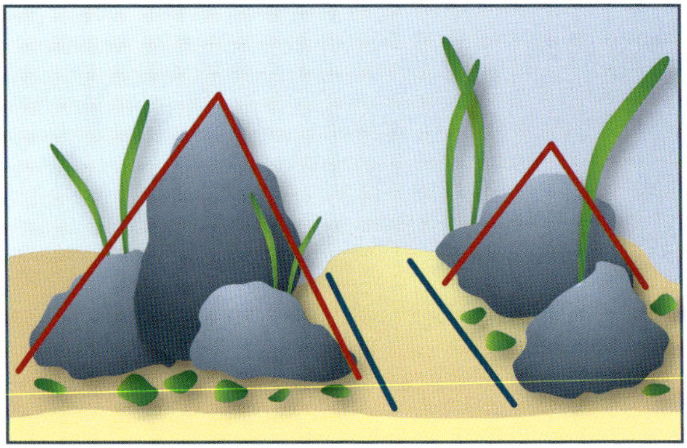

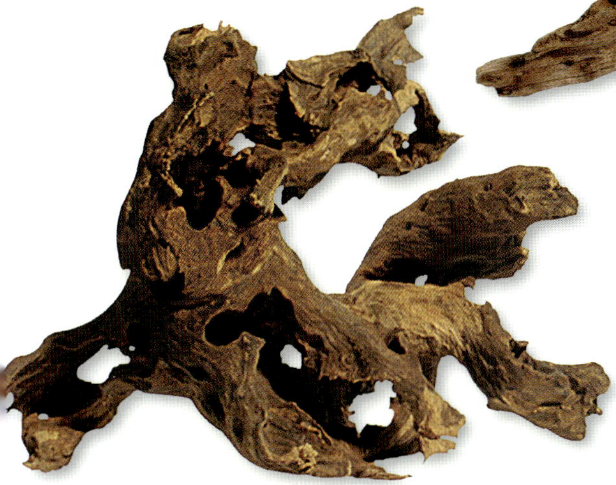

Aquascaping mit Wurzeln

Gerade bei größeren Aquarien ab 60 Zentimeter aufwärts (aber natürlich auch bei kleineren Aquarien) lassen sich wunderbar Steine mit dekorativen Wurzeln kombinieren. Hier ein Layout, in dem zwei große dunkle Wurzeln mit grauem Seegebirgsgestein kombiniert wurden. Das Becken hat die Grundmaße: 90 cm x 45 cm x 45 cm.

Dies ist auch ein typisches Beispiel für ein Layout, in dem die Anordnung in der Mitte eine Art Schlucht bildet und dadurch dem Aquarium eine besondere Tiefe verleiht. Insbesondere da im Hintergrund eine beleuchtete Rückwand verwendet wurde.

Steine und Wurzelholz werden so angeordnet, dass eine Art Schlucht entsteht.

FengShui im Aquarium

Für alle die es etwas asiatischer mit einem Hauch FengShui oder Zen möchten, gibt es die Möglichkeit, eine kleine Buddha-Statue im Aquarium zu platzieren und mit niedrigen Graspflanzen zu besetzen. Das ist zwar eher eine Art Wasserbehälter als ein Aquarium, trotzdem kann man auch darin – auch ohne Filter – einige Garnelen halten. Dieses Aquarium hat ein Volumen von ca. acht Litern.

Fantasy Aquarien

Da dem Aquascaping zum Glück keine Grenzen gesetzt sind, sollte man die Bedürfnisse der Kids nicht vergessen. Die Fische und Garnelen stört es wahrscheinlich nicht, auf einem SpongeBob oder einer Kunststoff-HelloKitty zu sitzen. Wenn die Dekofiguren unbedenklich sind (keine Schadstoffe abgeben) kann gerne mal ein Stück „Abenteuer Zoo" in das Aquarium integriert werden. Ihre Kinder werden die Tigerfamilie in unserem Beispiel lieben.

Figuren müssen aquarientauglich sein. Am besten vorher ein paar Tage ins Wasser stellen und testen.

Bepflanzung

Aufgebundenes Moos kann man fertig kaufen oder mit wenig Aufwand selber herstellen.

Aquascaping lebt natürlich von der Lebendigkeit der Pflanzen und vom Kontrast zur übrigen Dekoration. Außerdem trägt das Grün (oder Rot) entscheidend zum Wohlbefinden der Aquarienbewohner bei. Dabei spielt auch das Wissen über die jeweilige Pflanze eine große Rolle. Wenn Sie in Ihren Garten ein junge Tanne genau einen Meter vor Ihr Balkonfenster setzen, ohne zu wissen, dass diese Ihnen in einigen Jahren die komplette Sicht wegnimmt, dann war das vielleicht keine gute Idee. Ein Aquarium zu bepflanzen ist ähnlich.

Moos auf Stein aufbinden

Das Moos wird mithilfe eines grünen Baumwollfadens auf kleine flache Steine gebunden. Man nimmt eine Portion, die ungefähr so groß ist wie die Fläche des Steines, und legt das Moos möglichst auf die flache Seite des Steines. Welche Art von Steinen gewählt wird ist nicht so wichtig, am besten eignen sich aber Basaltsteine oder kleine Schiefersteine. Man nimmt den Faden und umwickelt den kompletten Stein mehrmals in verschiedenen Richtungen. Wenn es später ähnlich aussieht wie ein Schweinebraten und man mehr Faden als Moos sieht, dann hat man es richtig gemacht. Zuletzt einen Knoten und fertig ist das Endprodukt.

Moos auf Holz aufbinden

Das Prinzip ist das Gleiche wie beim Aufbinden auf Steine. Mithilfe eines Bindfadens oder Angelschnur wird das Moos erst einmal auf dem Holz oder der Wurzel fixiert. Mit der Zeit löst sich der Bindfaden (Baumwolle) auf und im Idealfall hält und wächst es nun selbstständig am Holz fest, wie bei der Abbildung unten gut zu sehen ist.

Wie gehe ich mit Wasserpflanzen um?

Wasserpflanzen muss man mit dem nötigen Respekt und etwas Gefühl behandeln. Bei den meisten Topfpflanzen, die stark verwurzelt sind, empfiehlt es sich, die Wurzeln auf etwa drei bis vier Zentimeter zu kürzen und dann mithilfe einer Pinzette etwa vier bis fünf Zentimeter tief einzusetzen. So kann man sicherstellen, dass die Pflanzen im Bodengrund stecken bleiben und nach zwei Wochen zum Großteil schon fest gewachsen sind. Das vorherige Wässern der Pflanzen ist nicht notwendig, mit Ausnahme, wenn man Pflanzen in Garnelen-Aquarien nachträglich einsetzen möchte. Dann sollte man die Pflanzen etwa drei Tage in frischem Wasser halten und das Wasser täglich austauschen. Sowohl in der Steinwolle als in den Pflanzen selber könnten sich Rückstände von Pestiziden befinden, die für Garnelen tödlich sein können, für die meisten Fische aber unbedenklich sind. Die namhaften Wasserpflanzengärtnereien arbeiten aber inzwischen immer mehr mit biologischen Schädlingsbekämpfungsmitteln, so dass dieses Problem vielleicht bald der Vergangenheit angehören wird.

Foto: F. Bitter

InVitro, Wasserpflanzen der neuen Generation

Eines meiner Steckenpferde waren immer die Wasserpflanzen, die leider oft im Fachhandel nur geringen Stellenwert genießen, weil sie schlecht gepflegt sind. Für einen kleinen Teil der angebotenen Wasserpflanzen gibt es jetzt vielleicht die Rettung: Pflanzen direkt aus dem Labor.

InVitro (lateinisch: im Glas) bezieht sich in der Naturwissenschaft auf Experimente, die in einer kontrollierten künstlichen Umgebung, zum Beispiel im Reagenzglas, durchgeführt werden. Seit vielen Jahren bedienen sich moderne Pflanzengärtnereien dieser Technik, die einfachste und effektivste Art, auch Aquarienpflanzen wirtschaftlich zu vermehren. Inzwischen gibt es einige InVitro-Kulturen, die direkt aus dem Becher in das Aquarium eingepflanzt werden – und sie haben viele Vorteile:

Sie sind hundertprozentig parasiten-, schnecken- und pestizidfrei. Die Nährflüssigkeit in den InVitro-Bechern (Grundsubstanz ist die Meeresalge Agar Agar) besteht haupt-

sächlich aus Zucker und Nährstoffen. Unter Wasser leicht abgespült, fällt sie sofort von den Pflanzen ab, da sie wasserlöslich ist. In manchen InVitro-Kulturen findet sich überhaupt kein Gelee mehr, da die Pflanzen es vollständig absorbiert haben.

Eine bessere Anpassung an die Unterwasserwelt, da die Pflanzen in ihrer submersen (unter Wasser) Form in den InVitro-Bechern wachsen, und sich somit nicht von der emersen Form in die submerse Form umwandeln müssen. Dadurch wachsen viele InVitro-Pflanzen schneller an als herkömmliche Wasserpflanzen.

Die Pflanzen in der InVitro-Kultur sind sehr lange haltbar ohne Qualitätsverlust, zwei bis drei Wochen sind unter normalen Bedingungen (Zimmer/Tageslicht und Zimmertemperatur) überhaupt kein Problem. Arten wie zum Beispiel *Helanthium tenellum*, *Eleocharis parvula*, *Cryptocoryne parva* sind sogar zum Teil mehrere Monate haltbar.

Die Vorteile von InVitro-Pflanzen am Beispiel der Zwerg-Nadelsimse *Eleocharis parvula*: Der Becher ist prall gefüllt, meist kann man etwa 20 Pflanzenteile aus einem Cup herausholen. Die Pflanze lässt sich als Ganzes aus dem Topf heben, schön zu erkennen ist das dichte Wurzelwerk der Pflanze. Pflanzen an einer Seite mit dem Finger etwas auseinanderziehen und sich jetzt die einzelnen Portionen abzupfen. Das Pflanzenstück mit einer Pinzette aufnehmen, etwa zwei bis drei Zentimeter in den Bodengrund einstecken, Pinzette langsam öffnen und herausziehen, und schon ist das erste Pflanzenteil professionell untergebracht.

2 Beispielbecken

ausschließlich mit InVitro-Pflanzen bepflanzt

20-Liter-Nanobecken

Es wurde vor etwa sechs Monaten mit drei InVitro-Bechern *Cryptocoryne parva* bepflanzt. Das Tolle bei dem Becken ist, dass es ohne CO_2-Anlage läuft. Einmal die Woche einen Wasserwechsel von etwa 30 Prozent, mehr nicht. Beleuchtungszeit etwa zehn Stunden am Tag. Die Garnelen fühlen sich wohl und die *Cryptocoryne* wächst stetig, wenn auch langsam weiter. (Standort: Kölle-Zoo, Weiterstadt)

600 Liter Pflanzenaquarium:
In diesem Aquarium habe ich insgesamt vier verschiedene InVitro-Pflanzen benutzt: *Eleocharis parvula*, *Cryptocoryne parva*, *Helanthium tenellum*, *Marsilea* sp. Das Aquarium ist jetzt etwa acht Monate alt, die Pflanzen haben sich prächtig entwickelt und sind zu einem homogenen Teppich, inmitten einer außergewöhnlichen Dekoration (Freak-Stones), zusammengewachsen. Das Becken wird mit 4 x 80 Watt T5-Röhren beleuchtet, die nur mit 60 Prozent Leistung laufen (gedimmt). (Standort: Kölle-Zoo, Weiterstadt)

Befüllen

Der große Vorteil dieser Befüllungsmethode ist, dass das Wasser sich durch die Folie und das Papier seinen Weg sehr sanft bahnt und später durch den Wasserdruck auf der Folie sowohl Pflanzen als auch Bodengrund praktisch in der Form hält.

Nachdem man die Pflanzen und die komplette Einrichtung nochmal richtig befeuchtet hat, kommt nun mein kleiner Spezialtrick, wie man auf einfache Weise das Wasser in das Aquarium füllen kann, ohne Pflanzen und Aufbau zu zerstören.

Wir nehmen einige Lagen Küchenpapier und legen diese vorne in das Becken hinein und später auf das gesamte Layout. Danach mit dem Wassersprüher das Papier gut befeuchten, damit es sich auf die Pflanzen und die Dekoration legt. Am Schluss noch etwas leichte Plastikfolie auf das Papier legen.

Mit einer Gießkanne oder einem Schlauch Wasser hinzufügen. Das Wasser sollte eher kalt sein, da die Pflanzen kälteres Wasser besser vertragen. Zwischen 18 und 22 Grad macht man nichts falsch. Ganz wichtig: das Wasser langsam auf die Folie im Aquarium fließen lassen, insbesondere die ersten 10 bis 15 cm, bis das Wasser den kompletten Bodengrund inklusive Dekorationsaufbauten eingenommen hat. Wenn das Aquarium zu etwa 90 Prozent befüllt ist, wird langsam erst die Folie und dann das Küchenpapier aus dem Aquarium gefischt.

Jetzt werden noch mithilfe eines feinen Netzes eventuelle Pflanzenreste entfernt und dann die restliche Wassermenge eingefüllt. Zuletzt werden die Scheiben innen gereinigt, die durch das Frischwasser mit kleinen Sauerstoffbläschen bedeckt sind, weil es einfach besser aussieht. Sauerstoffbläschen auf den Pflanzen verschwinden von alleine.

Inbetriebnahme/Einlaufphase

Filter

Stecker rein und laufen lassen, den Auslauf so einstellen, dass eine leichte Kreisströmung im Aquarium entsteht und die Wasseroberfläche leicht bewegt wird. Bei manchen Filtern sind Diffusoren dabei, die mithilfe einer Luftöffnung am Auslauf Luft in das Aquarium pumpen. Das sollten wir auf jeden Fall vermeiden und den Luftzugang schließen.

Nur bei sehr stark mit Tieren besetzten Aquarien, meist reine Fischaquarien, kann man die Luftzufuhr anwenden, da es dadurch einen erhöhten Sauerstoffeintrag ins Aquarium gibt. Bei unseren Beispielaquarien mit der entsprechenden Bepflanzung wäre das absolut kontraproduktiv.

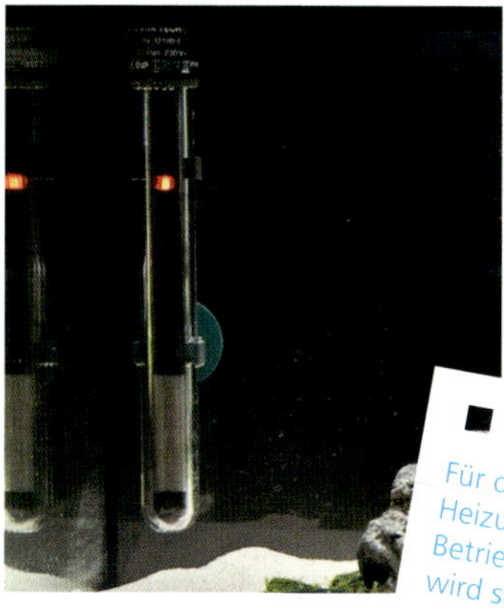

Für die Pflanzen ist es besser, die Heizung erst nach 48 Stunden in Betrieb zu nehmen. Das kalte Wasser wird so bereits von der Umgebung auf Zimmertemperatur angewärmt.

Heizung

Ich empfehle die Heizung erst einmal 24 bis 48 Stunden auszulassen, bis das Aquarienwasser die Zimmertemperatur angenommen hat (20 bis 22 Grad), insbesondere wenn man eher kaltes Wasser benutzt hat. Das Wasser wird auf natürliche Weise durch die Umgebungstemperatur erwärmt, was gerade den Wasserpflanzen zugutekommt, die sich dadurch viel besser anpassen können. Nach etwa zwei Tagen kann man dann den Heizer einstecken und auf 24 bis 25 Grad einstellen. Anfänglich mithilfe eines Thermometers kontrollieren, ob auch die gewünschte Temperatur erreicht wird bzw. nicht zu stark überschritten wird.

CO_2 (wenn vorhanden)

Bei der Bio-CO_2-Anlage kann es ein paar Tage dauern, bis sich etwas tut, man muss also nur warten, bis die ersten CO_2-Blasen in den Reaktor steigen. Eine Regulierung ist nicht nötig (bei den Standardanlagen). Wenn nach vier bis fünf Wochen keine Blasen mehr aufsteigen, einfach eine neue Flasche einsetzen.

Bei einer Anlage mit Druckgasflasche reguliert man am Feinventil die Menge so, dass am Schluss etwa eine Blase alle ein bis zwei Sekunden in den Reaktor (in dem Fall Flipper) strömt. Das reicht für unsere Aquarien vollkommen aus. Hier macht es dann auch Sinn, die Anlage mit einem Druckminderer auszustatten (in dem Fall schon inklusive).

Abdeckung/Beleuchtung

Am Schluss wird die Abdeckung auf das Becken gelegt und das Licht angeschaltet. Am besten setzen wir von Anfang an eine Zeitschaltuhr ein, nichts ist schlechter für das Aquarium als eine unregelmäßige Beleuchtungszeit. Am schlimmsten ist es, die Beleuchtung gar nicht auszuschalten und über Nacht oder mehrere Tage brennen zu lassen. Deswegen Zeitschaltuhr vor den Stecker der Aquariebeleuchtung, dann ist man auf der sicheren Seite.

Foto: H. Hieronimus

Wasserwechsel

Ich empfehle die ersten drei bis vier Wochen nach der Einrichtung zweimal in der Woche einen Wasserwechsel von 20 Prozent. Wenn man sich an diese Intervalle hält, ist es kein Problem, nach zwei Wochen, die ersten Schnecken und Welse ins Aquarium zu setzen, die Garnelen etwa eine Woche später. Nach vier Wochen reduziere ich den Wasserwechsel auf wöchentlich einmal 20 bis 30 Prozent. Dann ist auch die Zeit für den Fischbesatz gekommen. Man kann natürlich auch diese Prozesse mit guten Bakterienpräparaten und Filterstartern reduzieren oder unterstützen, doch würde ich nie auf die Wasserwechselintervalle verzichten, denn das sorgt für Stabilität im Wasser und trägt zum Wohlbefinden der Tiere bei.

Monats-Checkliste

	Woche 1	Woche 2	Woche 3	Woche 4
Wasserwechsel 30 %				
Filtertätigkeit prüfen				
Filter reinigen				
Wassertemperatur prüfen				
CO_2-Anlage/Blasenzähler prüfen				
Beleuchtung prüfen				
Zeitschaltuhr prüfen				
Scheiben innen reinigen				
Scheiben außen reinigen				
Wohlbefinden der Tiere prüfen				
...				
Besonderheiten				

Hängen Sie sich eine Checkliste in den Unterschrank des Aquariums und haken Sie die erledigten Arbeiten ab.

Kleine Wasserkunde

Wesentlicher Faktor für ein dauerhaft funktionierendes Aquarium, in dem es Tieren und Pflanzen gut geht, ist das Wasser. Hier muss man ein paar Dinge wissen und beachten, damit das erste Aquarium nicht innerhalb weniger Tage zu einem tödlichen Desaster wird.

Wasserqualität

Keine Angst, ich werde hier nicht ins Detail gehen, es gibt genügend weiterführende Literatur, vielmehr möchte ich Ihnen die Angst vor diesem Thema nehmen.

Mit dem Leitungswasser, das aus unseren Wasserhähnen sprudelt, können Sie normalerweise problemlos und erfolgreich Aquarien betreiben. Die glücklichen Mitbürger, die weiches Wasser (sehr geringer Kalkgehalt) aus ihren Leitungen zapfen, sind etwas im Vorteil, weil der Großteil der tropischen Wasserpflanzen, Zierfische und Garnelen aus Gewässern mit weichem bis sehr weichem Wasser und entsprechend niedrigen pH-Werten stammt. Doch Wasserpflanzen und Aquarienbewohner sind relativ anpassungsfähig und kommen mit dem doch häufig sehr harten Wasser gut zurecht. Hinzu kommt noch, dass glücklicherweise immer mehr Zierfische und Garnelen als Nachzuchten zu bekommen sind und viel stabiler in unseren Aquarien zu halten sind als vergleichbare Tiere aus der Natur.

Ähnlich sieht es bei den Wasserpflanzen aus. Neunzig Prozent der angebotenen Wasserpflanzen werden in europäischen Gärtnereien gezüchtet und gut angepasst. Für unsere Beispiele benutze ich ausschließlich Wasserpflanzen, die sehr anpassungsfähig sind und trotzdem gut wachsen.

Wasserchemie

Die Wasserwerte beschreibe ich nach meiner persönlichen Wichtigkeit, so wie ich sie zuerst in Augenschein nehme, wenn ich ein Aquarium einrichte oder plane.

Basiswasserwerte

Sie lenken das Aquarium in die richtige Richtung und sind stark vom Ausgangswasser abhängig, das wir von unseren Stadtwerken geliefert bekommen.

GH / KH (Wasserhärte)

Die Gesamthärte (GH) des Wassers gibt Aufschluss, ob das Wasser hart oder weich ist. Dafür sind überwiegend Kalzium und Magnesium verantwortlich. Je weniger davon im Wasser ist, desto weicher. Die Wasserhärte wird in °dh (Deutsche Härte) gemessen und ist ebenfalls für Haushaltsgeräte wie Waschmaschinen sehr wichtig. Wenn Ihr Wasserhahn oder Spülbecken schon nach kurzer Zeit verkalkt, können Sie davon ausgehen, dass Ihr Wasser im harten Bereich liegt = 15 bis 25 °dh, was in Deutschland eher die Regel ist als mittelhartes Wasser °dh 8 bis15 oder gar weiches Wasser °dh 4 bis 8. Weiches bis mittelhartes Wasser ist für die meisten Bewohner – Tiere als auch Pflanzen – optimal (mit Ausnahmen). Doch keine Panik, auch wenn Sie sehr hartes Wasser haben, können Sie damit erfolgreich ein Aquarium betreiben, es kommt nur auf die richtige Auswahl des Besatzes an.

In Abhängigkeit von der Gesamthärte kommt dann auch die Karbonathärte (KH) ins Spiel. In diesem Wert spiegelt sich die Anwesenheit von Karbonaten und Hydrogenkarbonaten wider. Dieser Wert ist ganz entscheidend, wenn es später um den pH-Wert und den CO_2-Gehalt des Wassers geht. Wie beim GH-Wert, so gilt auch beim KH-Wert: je kleiner die Zahl, desto geringer der Anteil an Salzen (Karbonate). So kann man bei sehr hartem Wasser mit einer Kabonathärte von 10 bis 15° und bei weichem/mittelhartem Wasser von 3 bis 6° rechnen – optimal für Aquascaping und entsprechenden Pflanzenwuchs.

Wassertests sind keine Wissenschaft: Teststreifen ins Wasser halten und Werte ablesen!

pH-Wert

Der pH-Wert (pH = potentia Hydrogenii) gibt Aufschluss, ob ein Wasser sauer (pH 4 bis 7) oder alkalisch/basisch (pH 7 bis 10) ist. Der pH ist einer der wichtigsten Wasserwerte für ein laufendes Aquarium. Wenn der pH 7 beträgt, spricht man von neutralem Wasser. Den pH aus der Wasserleitung kann man nicht stark beeinflussen, den pH-Wert im Aquarium aber schon. Anzustreben ist ein pH von 6,8 bis 7,2, er ist für viele tropische Fischarten ideal. Wie man den pH senkt, dazu mehr unter CO_2.

CO_2 (Kohlendioxid)

Das Kohlendioxid ist vielleicht der wichtigste Grundnährstoff für Wasserpflanzen. Ohne Kohlendioxid können Wasserpflanzen nicht oder nur schlecht wachsen, da der Kohlenstoff essenziell für die Chlorophyl-Gewinnung der Pflanze benötigt wird. Außerdem hat der CO_2-Gehalt im Wasser starken Einfluss auf den pH-Wert. Je mehr gelöstes CO_2 im Wasser desto stärker kann man den pH-Wert in Richtung sauer senken, also unter pH 7. So kann man mit CO_2 den pH-Wert regulieren und auch für die Tiere den optimalen

Wert einstellen. Ein CO_2-Gehalt von 20 mg bei normal bepflanzten Aquarien ist optimal, bei stärker bepflanzten Aquarien sollte schon mehr CO_2 im Wasser vorhanden sein.

Anhand einer Tabelle kann man gut ablesen, wie die Wasserwerte pH, KH und CO_2 voneinander abhängig sind.

So nutzen Sie die Tabelle:

Die grün markierten Werte sind optimal für gesunden, kräftigen Pflanzenwuchs. Messen Sie die Karbonathärte, z. B. 5 °dH und suchen Sie einen mittleren CO_2-Wert (grüner Bereich), z. B. 20 mg/l. Dann können Sie oben den zugehörigen pH-Wert 6,9 ablesen und als Sollwert mit dem pH-Controller einstellen.

CO_2-Gehalt (mg/l) in Abhängigkeit von Karbonathärte (°d) und pH-Wert

(nach Hanns-Jürgen KRAUSE)

	pH-Wert																				
KH (°d)	6,0	6,1	6,2	6,3	6,4	6,5	6,6	6,7	6,8	6,9	7,0	7,1	7,2	7,3	7,4	7,5	7,6	7,7	7,8	7,9	8,0
1	32	25	20	16	13	10	8	6	5	4	3	3	2	2	1	1	1	1	1	0	0
2	64	50	40	32	25	20	16	13	10	8	6	5	4	3	3	2	2	1	1	1	1
3	95	76	60	48	38	30	24	19	15	12	10	8	6	5	4	3	2	2	2	1	1
4	127	101	80	64	51	40	32	25	20	16	13	10	7	6	5	4	3	3	2	2	1
5	159	126	100	80	63	50	40	32	25	20	16	13	10	8	6	5	4	3	3	2	2
6	191	151	120	96	76	60	48	38	30	24	19	15	12	10	8	6	5	4	3	2	2
7	222	177	140	111	89	70	56	44	35	28	22	18	14	11	9	7	6	4	4	3	2
8	254	202	160	127	101	80	64	51	40	32	25	20	16	13	10	8	6	5	4	3	3
9	286	227	180	143	114	90	72	57	45	36	29	23	18	14	11	9	7	6	5	4	3
10	318	252	200	159	126	100	80	63	50	40	32	25	20	16	13	10	8	6	5	4	3
11	350	278	221	175	139	111	88	70	55	44	35	28	22	18	14	11	9	7	6	4	3
12	381	303	241	191	152	121	96	76	60	48	38	30	24	19	15	12	10	8	6	5	4
13	413	328	261	207	164	131	104	82	65	52	41	33	26	21	16	13	10	8	7	5	4
14	445	353	281	223	177	141	112	89	70	56	44	35	28	22	18	14	11	9	7	6	4
15	477	379	301	239	190	151	120	95	76	60	48	38	30	24	19	15	12	10	8	6	5
16	508	404	321	255	202	161	128	101	81	64	51	40	32	25	20	16	13	10	8	6	5
17	540	429	341	271	215	171	136	108	86	68	54	43	34	27	22	17	14	11	9	7	5
18	572	454	361	287	228	181	144	114	91	72	57	45	36	29	23	18	14	11	9	7	6
19	604	480	381	303	240	191	152	120	96	76	60	48	38	30	24	19	15	12	10	8	6
20	635	505	401	318	253	201	160	127	101	80	64	50	40	32	25	20	16	13	10	8	6

zu viel CO_2 — CO_2 richtig — zu wenig CO_2

Biologische Wasserwerte

Ein Aquarium mit Filterung funktioniert in etwa wie eine Kläranlage der Stadtwerke. Es finden biologische Prozesse statt, die insbesondere den Tieren in unseren Aquarien ein Überleben garantieren, wenn man ein Aquarium richtig pflegt. Denn man sollte nie vergessen, dass ein konventionelles Aquarium nur ein Pfütze ist, gemessen an der geringen Literzahl im Vergleich zu den Gewässern in der Natur. Eine Miniaturausgabe einer Unterwasserwelt, die entsprechend gepflegt werden muss, damit es den Bewohnern und Pflanzen so gut geht wie in der Natur.

NH_4 – Ammonium / NH_3 – Ammoniak

Ammonium steht am Anfang der Nitrifikationskette. Bei der Nitrifikation werden die Ausscheidungen der Fische (Ammonium, Ammoniak) und die Pflanzen- und Futterreste (Eiweiß) abgebaut, sozusagen recycled. Mithilfe von Bakterien (Nitrosomonas) wird das Ammonium/Ammoniak zu Nitrit umgewandelt. Dabei sollte man wissen, dass bei einem pH unter 7 das Ammonium nicht giftig für Fische ist, aber bei über 7 steigendem pH zunehmend lebensgefährlich wird.

NO_2 – Nitrit

Als zweite Nitrifikationsstufe kommt das Nitrit ins Spiel. Das Nitrit wird von den Bakterien (Nitrobacter) in Nitrat umgewandelt. Nitrit ist für Fische schon in geringer Konzentration giftig und sollte praktisch nicht messbar – unter 0,05 mg/l – sein. Werte um die 0,1 bis 0,2mg/l werden von den meisten Fischen noch vertragen, aber sollten so schnell wie möglich durch einen Teilwasserwechsel beseitigt werden. Auch hier gilt, je länger ein Aquarium läuft, desto stabiler ist es, denn nicht nur im Filter, sondern auch auf der Dekoration und insbesondere im Bodengrund siedeln sich Millionen dieser Nitrobacter an und sorgen für die nötige biologische Filterung.

NO_3 – Nitrat

Am Ende der biologischen Filterkette steht das Nitrat, das oft schon im Leitungswasser vorkommt. Man könnte auch Nitrat zusammen mit Phosphat als den Müllbehälter unserer Aquarien bezeichnen. Und dieser Mülleimer, der ständig durch die Nitrit-Bakterien befüllt wird, wird immer voller und voller. Es sei denn, wir haben jemanden, wie zum Beispiel die Pflanzen, der sich von diesem Müll ernährt oder wir rufen die Müllabfuhr, hier in Person des Aquarienbesitzers, der mit einem Wasserwechsel zumindest einen Teil des Mülls beseitigt. Nitrat in normalen Dosen ist relativ ungefährlich für Fische, doch sollte der Wert nicht unbedingt über 50 mg/l steigen.

Phosphat

Ähnlich dem Nitrat findet man im Aquarium auch oftmals zu hohe Phosphatwerte. Fische nehmen Phosphat mit dem Futter auf, verwerten nur einen Teil und scheiden den Rest aus. Darüber hinaus entsteht Phosphat durch abgestorbene Pflanzenteile, die deshalb regelmäßig entfernt werden sollten. Phosphat ist besonders wichtig für den Pflanzenwuchs, zu hohe Phosphatwerte führen allerdings zu kümmerlichem Wuchs und zur vermehrten Bildung von Algen. Vor allem bei Pflanzenaquarien ist oft ein Mangel an Phosphat zu finden, weil die Pflanzen zwar Phosphat aufnehmen, aber keines abgeben.

Zur Messung des Phosphats im Aquarium gibt es einfach zu handhabende Tröpfchentests, ideal ist ein Wert von 0,5 mg/l. Wir reduzieren Phosphat im Wasser durch Teilwasserwechsel und Futterreduzierung, erhöhen können wir ihn durch Zugabe eines guten Pflanzendüngers.

O_2 – Sauerstoff

Sauerstoff ist natürlich eine der wichtigsten Grundlagen für die Atmung der Fische. Wie viel gelöster Sauerstoff sich im Wasser befindet, ist auch abhängig von der Temperatur – je kälter desto mehr gelöster Sauerstoff im Wasser. Wenn man sich regelmäßig um sein Aquarium kümmert (Wasserwechsel, Filterreinigung etc.) und das Aquarium nicht überbesetzt ist bzw. nicht zu viel gefüttert wird, gibt es fast nie Probleme mit zu geringen Sauerstoffwerten. Auch hier haben Pflanzen wieder einen positiven Einfluss, weil sie tagsüber Sauerstoff produzieren und ihn wieder an das Wasser abgeben.

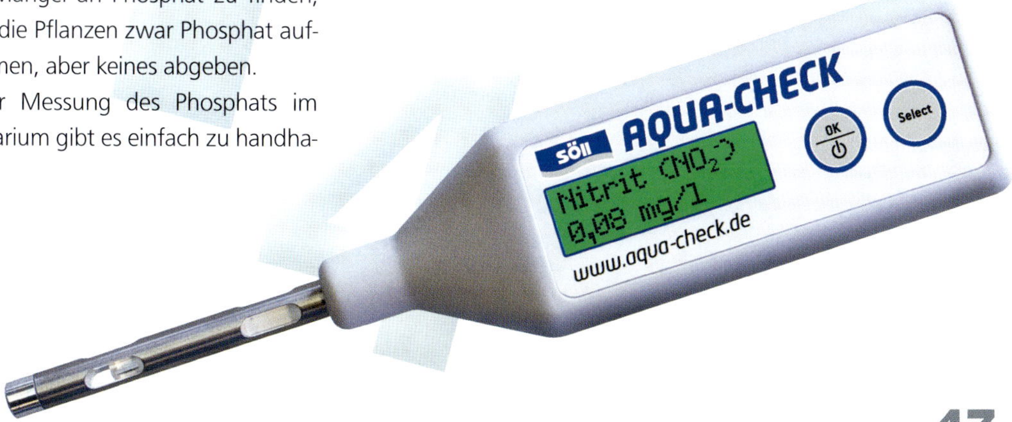

Mit so einem Fotometer kann man die wichtigsten Wasserwerte leicht und präzise messen.

Set 1 Basic

Step 1 Aufstellen

Stellen Sie Ihr Set am besten gleich an den Standort, an dem es später auch bleiben soll. Falls es direkt an einer Wand steht, bringen Sie vorher noch eine entsprechende Rückwand auf die Rückseite des Aquariums an (Seite 23).

Step 2 Technik

Bevor Sie anfangen, das Aquarium zu dekorieren, installieren Sie die Technik in das noch leere Aquarium. Es ist ziemlich ärgerlich, wenn Sie später den Innenfilter oder die Heizung nicht mehr in das Aquarium stellen können, da bereits alles zugebaut ist. Auch die Technik lässt sich so besser mit Steinen oder Wurzeln verdecken.

Step 3 Bodengrund

Jetzt kann der Bodengrund in das Aquarium eingebracht werden. Für diese Aquarieneinrichtung wird kein zusätzlicher Bodengrunddünger benötigt, da wir Sand verwenden, der sich nur unnötig vermischen würde und die vorgesehenen Pflanzen ohnehin keinen Bodengrunddünger

Tipp:
Die Technik nicht so zubauen, dass später zur Reinigung des Filters das halbe Aquarium ausgeräumt werden muss. Einfaches Handling ist das A und O.

benötigen. Ich verwende einen einfachen weißen Quarzsand, den man unbedingt vor der Verwendung mehrmals gründlich waschen sollte. Andernfalls hat man nach dem Auffüllen mit Wasser eine echte Nebellandschaft im Aquarium.

Step 4 Hardscape
Jetzt werden die Steine gesetzt. Ich verwende drei Exemplare der Sorte „Seegebirge“, ein grauer, sehr interessant strukturierter Stein. Wichtig ist, dass die Proportion der Steine in Bezug auf die Aquariengröße gut gewählt ist. Das gesamte Steinlayout kann etwa 40 Prozent der Aquarienfläche einnehmen. Nehmen Sie den größten und imposantesten Stein als Hauptpunkt, danach kommen dann der große und der kleine Bruder.

Step 5 Bepflanzen
Bei diesem Set habe ich mich dafür entschieden, nur eine einzige Pflanzenart zu verwenden: das Spiky-Moos. Das eigentliche Pflanzen ist schnell erledigt, die Vorbereitung dauert allerdings etwas länger, weil das Moos vorher auf kleine flache Steine aufgebunden werden muss ▸

Für das Layout habe ich ca. 35 kleine Moos-Steine verwendet, das sind sieben bis acht Portionen Moos. Die fertigen Steine legt man, mit der Moosseite nach oben, rings um das Steinlayout auf den Sand und drückt diese leicht ein.

Step 6 Befüllen

Nachdem man die Pflanzen und die komplette Einrichtung noch einmal richtig befeuchtet hat, kommt nun mein Spezialtrick zum Einsatz, der auf Seite 38 verraten wird.

Step 7 Technik anschließen

Die Technik wurde im ersten Schritt ja bereits installiert und muss jetzt nur noch mit Strom versorgt werden. Den Auslauf des Filters stellt man so ein, dass eine leichte Kreisströmung im Aquarium entsteht und die Wasseroberfläche leicht bewegt wird. Zum Schluss wird die Abdeckung auf das Becken gelegt und das Licht angeschaltet.

Beleuchtung

Für den Anfang reichen hier maximal acht Stunden Beleuchtungszeit. Man kann sie auch ein wenig seinen eigenen Lebensgewohnheiten anpassen. Ein Beispiel für Berufstätige: die Aquarienbeleuchtung um 14 Uhr an- und um 22 Uhr ausschalten. Dann haben Sie auch am Spätnachmittag und Abend noch Freude am Aquarium. Nach drei bis vier Wochen kann man die Beleuchtungszeit auf etwa zehn Stunden erhöhen. Mehr würde ich bei diesem Aquarium nicht empfehlen.

Besatz

15 Hörnchen- oder Geweihschnecken, *Clithon sowerbyana*

5 Zwergharnischwelse, *Otocinclus* sp. *negro*

20 Sakura-Garnelen, *Neocaridina heteropoda* var. 'Red Fire Sakura'

Das Basic-Set ist absichtlich nur mit wenigen Zwergharnischwelsen besetzt worden, weil das relativ geringe Wasservolumen von maximal 50 Litern (wenn man Dekoration und Kies/Sand abzieht) für größere Fischgruppen problematisch ist. Erfahrungsgemäß werden Aquarien leider meist mit Fischen überbesetzt. Da der eingebaute Filter bei diesem Set nicht besonders leistungsfähig ist, kommt es in Kombination mit einem nachlässigen Wasserwechsel und einem zu geringen Wasserstand (durch Verdunstung) schnell zur Katastrophe. Diese endet dann meist tödlich für die Aquarienbewohner. Deshalb habe ich mich entschlossen, dieses preiswerte und einfach Basic-Set überwiegend als Garnelen- und Schneckenaquarium zu empfehlen. Für diesen Zweck macht es sich super und man kommt auch bestens mit der vorhandenen Technik zurecht.

Das Basic-Set nach drei Monaten

Am Aufwand gemessen, war dieses Set am einfachsten zu pflegen. Die Pflanzen- oder richtiger die Moospflege beschränkte sich darauf, ein oder mehrere Moosstücke aus dem Becken zu nehmen, die sich aus dem Verbund gelöst hatten – das wars auch schon. Sehr hilfreich war der Einzug der Sakura-Garnelen (japanisch: Kirschblüte). Sie haben das Moos so richtig durchgekämmt, so dass es jetzt schön locker wirkt. Auch in Zukunft wird hier nicht viel Pflege notwendig sein. In drei bis vier Wochen wird ein Rückschnitt des Spiky-Mooses auf etwa drei bis vier Zentimeter Länge fällig sein, da sonst bald nichts mehr von den schönen Steinen zu sehen ist.

Set 2 Cube

Step 1 Aufstellen

Im Gegensatz zu den üblichen Aquarien, die eher lang sind und dafür weniger Höhe und Tiefe besitzen, ist der Cube (Würfel) quadratisch. Diese Form ist seit der Entdeckung der Nano-Aquaristik sehr im Trend. Mit dem 60-cm-Cube ist jetzt ein Aquarium verfügbar, in das man auch unbedenklich Fische einsetzen kann, da eine ausreichende Wassermenge zur Verfügung steht.

Step 2 Technik

Den Filter stellen wir in die linke Ecke und die Heizung nach rechts. Dazu kommt noch der kleine CO_2-Flipper (Reaktor), an dem später die Bio-CO_2-Anlage angeschlossen wird. Das Handling ist bei diesem Aquarium optimal, da man freien Zugang hat und trotzdem noch gutes Licht hat, da die Beleuchtung an der Aquarienrückscheibe installiert wird. Eine herkömmliche Abdeckung fehlt hier, stattdessen wird später eine Abdeckscheibe aus Glas auf das Becken gelegt, um die Verdunstung zu verringern und ein mögliches Herausspringen der Tiere zu vermeiden.

Step 3 Bodengrund

Wir bringen hier zuerst eine Lage Bodengrunddünger (Sandgemisch) in das Aquarium, der vorher nicht gewaschen wird. Anschließend kommt der Kies darüber. Hier benutze ich einen schwarzen feinen Garnelenkies, der ebenfalls ungewaschen eingebracht wird. Da es sich in unserem Fall um eine Neueinrichtung handelt, kann man das auch bedenkenlos machen, wenn man sich später an die vorgegebenen Wasserwechsel hält. Bitte den Kies so einbringen, dass der Bodengrunddünger nicht nach vorne oder an die Seite rutscht. Danach wird der Kies vorne etwa zwei bis drei Zentimeter und hinten gut acht bis zehn Zentimer hoch aufgeschüttet. Das ist später für die Dekoration wichtig, damit sie im Aquarium nicht verrutscht.

Step 4 Hardscape

Für dieses Layout habe ich mir als Steindekoration einen Klassiker ausgesucht: die Drachensteine. Eine tolle wasserneutrale braune Steinvariante, die durch ihre Löcher sehr natürlich und wild wirkt. Zuerst kommen drei Steine in verschiedenen Größen in die hintere Mitte

des Aquariums. Danach lege ich einige kleine Rote-Moorwurzel-Äste zwischen die Steine, die dem Layout etwas mehr Leichtigkeit geben – auch wenn später durch die Pflanzen nur noch wenig davon zu sehen sein wird. Anschließend kommen noch ein paar mittlere bis kleine Drachensteine vor die großen Steine und zwischen die Moorwurzeläste. Zum Abschluss streue ich noch etwas Kies in den Aufbau. Fertig ist das hügelige Layout, das sehr gut in die Cube-Form des Aquariums passt, das ja relativ hoch ist.

Step 5 Bepflanzen

Zum Pflanzen nehmen wir als erstes *Pogostemon helferi* (kleiner Wasserstern), welches in den mittleren Bereich eingesetzt wird. Diese Pflanze ist sehr dankbar, benötigt aber etwas mehr Licht und CO_2, um ihre volle Pracht zu entfalten. Trotzdem werde ich es in diesem Becken ausprobieren.

Danach folgt eine aufstrebende Pflanze, die erst seit 2010 offiziell im Handel ist: *Hygrophila pinnatifida* (Gefiederter/Gebuchteter Wasserfreund). Sie wird hauptsächlich zentral zwischen die Drachensteine gesetzt. Diese Pflanze kann innerhalb von zwei bis drei Wochen auf Steinen, Wurzeln und fast jedem Grund festwachsen, der sich im Aquarium befindet. Sie braucht also nicht unbedingt in den Kies gesteckt werden, leicht verankert zwischen den Steinen reicht auch aus. Zwischen die Steinspalten stecke ich noch lose ein wenig *Taxiphyllum alternans* (Taiwan

Moos). Dieses Moos kann auch unbefestigt, nur mit dem Finger oder der Pinzette so verankert werden, dass es beim Befüllen mit Wasser nicht aufschwimmt. Folgt noch für den Vordergrund einer meiner Lieblinge, *Marsilea hirsuta* (Zwergkleefarn). Sie ist eine sehr schöne Pflanze, die relativ wenig Beleuchtung benötigt und nur sehr langsam, dafür aber stetig wächst. Die abgeschnittenen Stecklinge kommen vorne und an der Seite des Berges zum Einsatz und sollen dort langsam die freie Kiesfläche bewachsen. Zum Schluss noch ein Klassiker für den Hintergrund, *Cryptocoryne balansae* (Genoppter Wasserkelch), eine der wenigen Arten dieser Pflanzengattung, die auch in die Höhe wächst und sich schön auf die Wasseroberfläche legt.

Step 6 Befüllen

Nachdem man die Pflanzen und die komplette Einrichtung nochmal richtig befeuchtet hat, kommt auch hier der Spezialtrick zum Einsatz. Bei diesem Layout muss man aber etwas vorsichtiger sein und das Wasser langsamer einfüllen, damit der relativ steile Aufbau nicht wegrutscht.

Step 7 Technik anschließen

Die Technik wurde im ersten Schritt bereits installiert und muss jetzt nur noch mit Strom versorgt werden. Den Auslauf des Filters stellt man so ein, dass eine leichte Kreisströmung im Aquarium entsteht und die Wasseroberfläche leicht bewegt wird. Zum Schluss wird die Abdeckung auf das Becken gelegt und das Licht angeschaltet.

Beleuchtung

Besonderheit ist hier anstatt einer konventionellen Abdeckung die 2 mal 7-Watt-Leuchte, die hinten am Aquarium befestigt ist. Dazu gibt es Kunststoffhalterungen, auf denen man die Glasscheibe ablegen kann. Einziger Nachteil der Scheibe: Durch die Verdunstung des Wassers und dem damit verbundenen Niederschlag an der Scheibenunterseite, ist man gezwungen, die Scheibe öfter zu säubern, eventuell auch mit etwas Kalkreiniger. Die Kalkränder, die sich bilden könnten, schlucken viel Licht. Bei diesem Layout kann man die Beleuchtungsdauer anfänglich auf sechs bis sieben Stunden einstellen. Nach drei bis vier Wochen kann man langsam auf maximal zehn Stunden erhöhen, etwa alle ein bis zwei Tage 15 Minuten mehr.

Besatz

15 Hörnchen- oder Geweihschnecken, *Clithon sowerbyana*

15 Kristallrote Zwerggarnelen, *Caridina* cf. *cantonensis*

5 Amanogarnelen, *Caridina multidentata*

20 Moskitobärblinge, *Boraras brigittae*

5 Zwergharnischwelse, *Otocinclus* sp. *negro*

Wie schon beim ersten Set ziehen kleine Schnecken, Welse und Garnelen als „Putzerteam" in das Aquarium ein. Zusätzlich zu den kleinen Crystal Red-Garnelen kommt noch ein sehr kleiner Trupp von Amano-Garnelen in den Cube. Auch wenn man die realtiv großen und manchmal auch etwas aufdringlichen Amano-Garnelen normalerweise nicht mit den kleineren und zierlicheren Crystal Red zusammensetzen sollte. Da die Anzahl der Amano-Garnelen auf fünf reduziert ist, funktioniert es aber trotzdem wunderbar. Als Hauptfische habe ich Moskitobärblinge gewählt, die sich zwischen den langen Cryptocorynen wohlfühlen und schon nach 2-3 Wochen ihre ganze Farbenpracht zeigen.

Cube-Set nach drei Monaten

Auch dieses Set hat sich schön entwickelt, ohne besonders viel Hand anzulegen. So wars auch geplant: wenig Aufwand, geringe Pflege und viel Spaß am Aquarium. Super entwickelt hat sich die *Cryptocoryne balansae* im Hintergrund, die den ja relativ hohen Cube richtig schön zur Geltung bringt. Hier werfen die langen Blätter der *Cryptocoryne*, die schön auf der Wasseroberfläche liegen, sehr viel Schatten auf die darunter liegenden Pflanzen. In unserem Fall hat das am wenigsten der *Pogostemon helferi* gefallen, die etwas verkümmert gewachsen ist, weil es ihr doch etwas an Beleuchtungsstärke gefehlt hat. Ganz im Gegenteil das Spiky-Moos, das bei dieser Beschattung sehr gut gediehen ist – fast schon zu gut, so dass das Moos wohl bald ausgedünnt werden muss. Langsam und stetig wächst auch mein Favorit im Vordergrund und an den Seiten des Cubes. *Marsilea hirsuta* wächst stetig, Blatt für Blatt zieht sich durch den feinen Kies. Es dauert allerdings noch gut fünf bis sechs Monate bis sich der gesamte Vordergrund in einen dichten Teppich verwandelt hat.

Set 3 Premium

Step 1 Aufstellen

Da dieses 60-cm-Set etwas größer ausfällt als sein kleiner Bruder (Basic-Set) muss man beim Standort beachten, dass der Unterbau auch entsprechend stabil ist, also mindestens die 100 kg tragen kann, die das Aquarium mit Inhalt wiegt.

Step 2 Technik

Den Filter stellen wir in die linke Ecke und die Heizung nach rechts. Dazu kommt noch der kleine CO_2-Flipper (Reaktor), an dem später die CO_2-Anlage angeschlossen wird – also ähnlich wie beim 60-cm-Cube. Durch den relativ großen Filter muss man leichte Abstriche in der Optik machen, da dieser doch relativ mächtig wirkt. Alternativ kann man sich überlegen, an so ein Becken später einen Außenfilter zu installieren, am besten gleich die Thermovariante, dann fällt der Heizer in der rechten Ecke auch noch weg.

Step 3 Bodengrund

Bei diesem Aquarium benutze ich für die Einrichtung einen speziellen Bodengrund, der in Japan hergestellt wird. Es handelt sich um einen aktiven Bodengrund, der aus Vulkanasche besteht. Er kann, ohne zusätzlichen Dünger darunter, direkt und ungewaschen verwendet werden,

was das Einrichten doch sehr vereinfacht. Auch wenn man ab und zu die Dekoration herausnimmt, muss man nicht befürchten, dass sich Dünger und Bodengrund vermischen, das ist in diesem Fall ein Produkt. Nachdem genügend Bodengrund eingebracht ist, verteile ich ihn nach links, rechts und nach hinten leicht ansteigend, so dass die Mitte wie ein kleines Tal aussieht. Das ist eine sehr beliebte Variante, Aquarien einzurichten, weil dann der Mittelpunkt des Aquariums frei ist für eine Lichtung voller Pflanzen oder beispielsweise eine Kies- oder Sandstraße.

Step 4 Hardscape

Hier verwende ich nur Brauntöne, das heißt ein natürlicher brauner Bodengrund und ebenfalls braune Steine. „Versteinertes Laub“ heißt dieser sehr interessant strukturierte Stein, insbesondere im Detail sieht man wunderschöne Einschlüsse in den Steinen. Ich habe mir einen großen Hauptstein ausgesucht, der auf der linken Seite, platziert wird. Darum werden insgesamt weitere vier kleine bis mittlere Steine angeordnet. Auf der rechten Seite, getrennt durch das Tal, folgt noch ein weiterer Steinaufbau mit drei Steinen mittlerer Größe. Dieses Layout ist so einfach gestaltet, dass es auch für jeden Anfänger mit ein paar Handgriffen und den passenden Steinen nachgebaut werden kann.

Step 5 Bepflanzen

Die Pflanzen, die hier verwendet werden, unterscheiden sich sehr stark von den handelsüblichen Pflanzen. Ich verwende hier ausschließlich „InVitro" Varianten. Mehr über diese Pflanzen aus dem Labor können Sie auf Seite 34 nachlesen. *Helanthium tenellum* (Grasartige Zwergschwertpflanze) setze ich hinten links und hinten rechts ein. Wahrscheinlich wird diese Pflanze hier am höchsten wachsen, was allerdings auch nur sechs bis acht Zentimeter sein werden. Um die Steine besser zur Geltung zu bringen, werden in diesem Aquascape keine hohen Pflanzen verwendet.

Zwischen einige Steine des linken und rechten Aufbaus pflanze ich *Ranunculus papulentus* ein. Diese Pflanze besticht durch ihr außergewöhnliches, schön gefiedertes Aussehen. Man braucht allerdings Geduld, sie wächst ziemlich langsam. *Eleocharis parvula* (Zwergnadelsimse) ist die zentrale Pflanze in diesem Aquarium, sie soll im mittleren Tal wachsen. Diese Pflanze ist eine der wenigen Vordergrundpflanzen, die auch in geringerer Beleuchtung noch schöne dichte Teppiche bildet. Doch auch hier muss man etwas Geduld haben bis der Teppich komplett zugewachsen ist.

Step 6 Befüllen

Nachdem Pflanzen und Dekorationen richtig befeuchtet wurden, kommt wieder der Spezialtrick (siehe Seite 38) zum Einsatz.

Step 7 Technik anschließen

Neben den schon genannten Komponenten, wird bei diesem Set der zusätzliche CO_2-Flipper installiert, er kommt auf die rechte Seite.

Beleuchtung

Im Vergleich zu den anderen beiden, ist dieses Sets mit den lichthungrigsten Pflanzen besetzt, deshalb sollte man hier mit etwa sieben bis acht Stunden Beleuchtungszeit anfangen. Nach ungefähr vier Wochen maximal zehn bis zwölf Stunden.

Foto: Eheim

Besatz

15 Hörnchen- oder Geweihschnecken, *Clithon sowerbyana*
5 Zwergharnischwelse, *Otocinclus* sp. *negro*
15 Black-Bee-Garnelen, *Caridina* cf. *cantonensis* 'Biene'
5 Amanogarnelen, *Caridina multidentata*
20 Para-Mollys, *Micropoecilia parae*

Das „Putzteam" ist bei diesem Set genauso gewählt wie beim Cube. Die Amano-Garnelen sind insbesondere bei diesem Aquarium wichtig, da die Garnelen die Nadelsime wunderbar von Algen und Schmutz freihalten. Die kleinen Para-Mollys genießen den Schwimmraum in dem Aquarium und sind kräftig am „Balzen". Auch wenn die kleinen Lebengebärenden auf den ersten Blick etwas unscheinbar wirken, spätestens nach ca. zwei Wochen zeigen die Männchen, was sie farblich so drauf haben.

Premium-Set nach drei Monaten

Mit leichten Abstrichen bin ich auch mit diesem Set sehr zufrieden. Hier ist ein flacher dichter Rasen entstanden, was bei den meisten Aquascapern ein „Must" ist, und das mit einer Beleuchtung, die weit unter der Beleuchtungsstärke liegt, die bei den gehobenen Pflanzenaquarien verwendet wird. Meine Absicht war ein eher klassisches Aquascape mit reinem Steinlayout und ausschließlich kleinen bzw. kurz bleibenden Pflanzenarten. Durch die an den Seiten etwas schwache Ausleuchtung hat sich die Zwergamazonas *Helanthium* (früher: *Echinodorus*) *tennellum* etwas schwer getan. Sie wächst seit zwei bis drei Wochen so langsam richtig an, aber um noch dichter zu werden, braucht es noch gut zwei bis drei Monate. Zu bedenken ist auch, dass zu Fotozwecken der Filter (normalerweise links im Eck) und der Stabheizer (rechts im Eck) entfernt wurden. Also dort, wo diese Geräte waren und wieder sein werden, ist das Pflanzenwachstum etwas eingeschränkt. Eine interessante Wirkung in diesem Layout, wenn man ins Detail geht, ist die schöne Blattstruktur der autralischen Pflanze *Ranuclus papulentus*. Diese wird sich in den nächsten Monaten noch mehr ausbreiten und dem Layout eine interessante Spannung geben.

Die Pflege

Zeitaufwand

Nur wenige Handgriffe pro Woche und man hat viel Freude am Aquarium.

Dem Vorurteil „ein Aquarium macht nur Arbeit" möchte ich hier ganz entschieden widersprechen. Insbesondere die kleinen Aquarien, mit denen wir uns in diesem Buch beschäftigen, machen mehr Spaß als Arbeit. 30 Minuten sollte man sich aber Zeit nehmen für die wöchentliche Pflegearbeit, hinzu kommt tägliches Füttern und Kontrolle.

Wasserwechsel

Die ersten vier Wochen sind sozusagen die Geburtsstunde des Aquariums. Alles ist neu, die Pflanzen fangen langsam an zu wachsen, Bakterien bilden sich, es entwickelt sich ein Gleichgewicht im Aquarium. Deswegen sollte man dem ganzen System etwas helfen, damit die Entwicklung in die richtige Richtung geht:

Alle drei Tage einen Wasserwechsel von 20 Prozent des Inhaltes und das von Beginn an.

Bei 20 Prozent von 60 Litern reden wir übrigens über ca. zwölf Liter (Sie können das auch auf eine Gießkanne mit zehn Litern beschränken). In vier Wochen verbraucht man also nicht ganz 100 Liter Frischwasser – und wenn man den Wasserwechsel nach einem Monat auf wöchentlich 20 Prozent reduziert, dann kommen wir im Jahr auf ca. 670 Liter Wasserverbrauch, das sind Kosten von nur etwa fünf Euro im Jahr. Zum Vergleich: Eine Badewanne fasst etwa 140 Liter Wasser.

Bei jedem Wasserwechsel schieben Sie das Aquarium etwas an, man bringt Frischwasser mit wichtigen Mineralien und Spurenelementen ins Aquarium, was durch nichts zu ersetzen ist. Dabei kann man in der Regel das Leitungswasser mit Trinkwasserqualität nehmen. Auch wenn es bei dem einen oder anderen vielleicht zu hart oder zu weich ist, kann man es fast uneingeschränkt benutzen.

Regelmäßige Wasserwechsel sind der Schlüssel für ein funktionierendes biologisches Gleichgewicht.

Ein Wasserwechsel ist keine Kunst und ganz einfach durchzuführen: Man nimmt einen etwa zwei Meter langen Schlauch (Durchmesser: 9 bis 11 mm sind ideal, 12 bis 16 maximal). Das eine Ende des Schlauchs taucht man in das Aquarienwasser und an dem anderen Ende saugt man mit dem Mund (ganz kurz, etwa eine Sekunde) an. Dann das Ende, an dem man angesaugt hat, in einen 10-Liter-Eimer (Gießkanne o.a.) legen. Am besten steht der Eimer nicht auf dem Boden, sondern leicht erhöht, zum Beispiel auf einem Stuhl. Somit reduziert sich die Saugwirkung des ablaufenden Wassers etwas und man kann entspannter an die Sache rangehen. Zumal man das Schlauchende, das im Aquarienwasser hängt, jetzt wunderbar als Staubsauger benutzen kann und damit Pflanzenreste, Schmutzpartikel u.a. in den Eimer saugen kann. So können Sie bei jedem Wasserwechsel in Ihrem Aquarium ein wenig Putzfrau spielen. Das abgesaugte Wasser eignet sich prima zum Blumen gießen und man verschwendet nicht unnötig Wasser. Dann am besten mit einer Gießkanne das Aquarium langsam wieder auffüllen. Und das wars dann schon mit dem gefürchteten Wasserwechsel.

Tipp:

Es ist nicht jedermanns Sache und für den Ungeübten auch oft nicht so einfach, das Wasser mit dem Mund anzuziehen. Das kann schnell mal daneben gehen und dazu führen, dass man den Geschmack des Aquarienwassers testen darf.

Es geht auch einfacher: Man nimmt einen mindestens 1,5 Meter langen, möglichst transparenten Schlauch (ca. 12/16 mm Durchmesser) und füllt ihn voll Wasser, so dass beide Enden auf derselben Höhe sind und der Schlauch voll mit Wasser ist. Beide Enden des Schlauches muss man jetzt mit dem Daumen schließen. Das eine Ende ins Aquarium halten und das andere Ende in den Eimer, am besten unterhalb des Aquariums. Dann beide Daumen loslassen und schon fließt das Wasser vom Aquarium oben nach unten in den Eimer – ganz ohne Ansaugen.

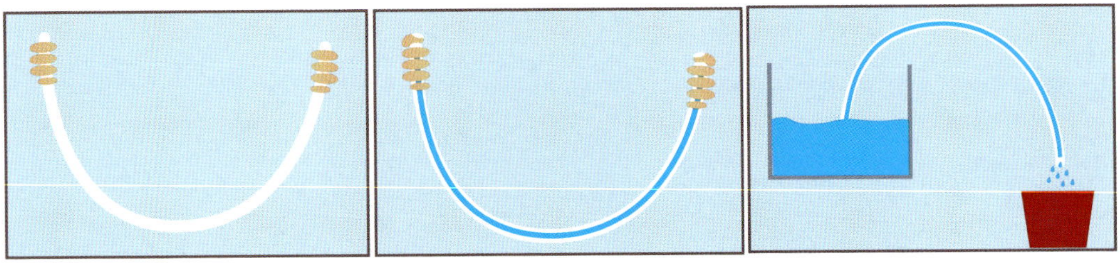

Scheibenreinigung

Nach der Wasserentnahme ist es am leichtesten, die Scheiben von innen zu reinigen. Dabei hat sich als Dauerbrenner die herkömmliche Filterwatte bewährt. Da sie weiß ist, sieht man den Dreck gut und man entfernt damit so ziemlich alle Verschmutzungen. Ganz wichtig ist es, die Scheiben auch zu reinigen, wenn sie nicht sichtbar verschmutzt sind. Nach einigen Tagen bildet sich auf den Innenscheiben eine Art Bakterienfilm, diesen gilt es zu entfernen, dann sieht das Aquarium immer glasklar aus. Erst wenn man zwei bis drei Wochen keine Scheiben reinigt, sieht man die grünen Punktalgen auf den Scheiben, die dann schon etwas mehr Arbeit machen.

Tipp:

Für diejenigen, die sich nicht so gerne die Finger nass machen, sind die Magnetscheibenreiniger zu empfehlen, die in verschiedenen Ausführungen auf dem Markt sind. Damit kann man sogar öfter zwischendurch reinigen, es geht blitzschnell.

Aber unbedingt darauf achten, dass sich kein Kies oder Sand auf den Flächen des Reinigers befindet. Schon kleinste Körnchen können zu Kratzern in der Scheibe führen, die man nicht mehr rausbekommt.

Empfehlenswert sind die Reiniger, bei denen der innere Magnet schwimmen kann, so dass er nicht auf den Boden des Aquariums fallen kann.

Tipp:

In den letzten Jahren sind unzählige Schneckenarten in den Handel gekommen, die nicht nur schön aussehen und auch keine Pflanzen fressen, sondern extrem nützlich sind.

Insbesondere die kleineren Geweihrennschnecken sorgen bei entsprechender Anzahl (ca. 20 bis 25 Tiere auf 60 Liter) dafür, dass Dekoration und Pflanzen, aber auch die Innenscheiben der Aquarien sauber gehalten werden.

Scheibenreiniger mit Klinge.

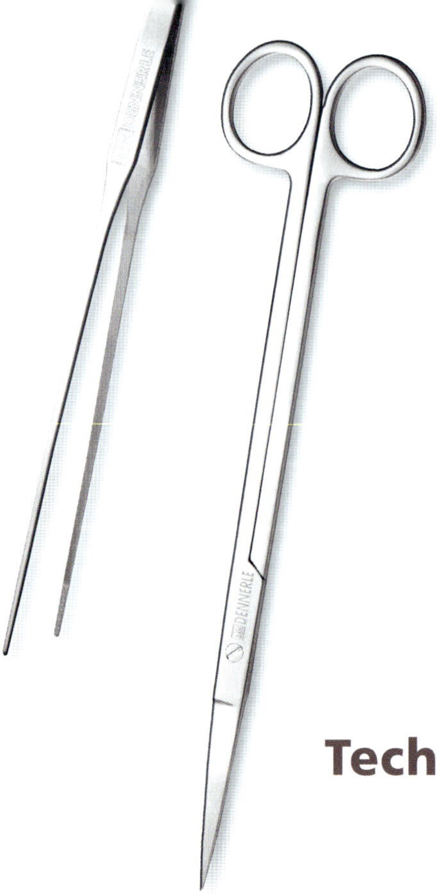

Technische Wartung und Pflanzenpflege

Die Technikkontrolle:

- läuft der Filter
- ist die Heizung in Betrieb
- funktioniert die CO_2-Anlage (wenn installiert)

Die Pflanzenpflege:

- abgestorbene Blätter entfernen
- angefressene oder löchrige Blätter eventuell abschneiden und entfernen

Vier Wochen nach Einrichtung

Die Pflege nach den ersten vier Wochen unterscheidet sich hauptsächlich darin, dass man nun nur noch einmal wöchentlich einen Wasserwechsel von 20 bis maximal 30 Prozent durchführt. Für die hier gezeigten Aquarien reicht dieses Intervall vollkommen aus.

Die Filterleistung wird weiterhin regelmäßig kontrolliert, alle drei bis vier Wochen wird der Filter herausgenommen und das Filtermaterial unter fließendem Wasser ausgewaschen.

Schöne und geeignete Pflanzen

Was wäre ein schönes Aquascape ohne Pflanzen. Dabei kommt es bei unseren drei Sets auf die richtige Auswahl an, denn nicht alles was gefällt, wächst auch unter den Bedingungen, die wir in unseren Sets anbieten können. Dabei spielt am meisten das relativ schwache Licht eine Rolle. Die beschriebenen Pflanzenarten kann ich beinahe ohne Einschränkung für Aquarien mit ähnlichen Bedingungen empfehlen.

***Taxiphyllum* sp., Spiky-Moos**

Wir brauchen nur einige Portionen dieses Mooses und binden es wie einen „Schweinerollbraten" auf kleine Steine, und dann heißt es Geduld haben. In unserem Beispiel haben drei Monate ohne großes Zutun ausgereicht. Das Spiky-Moos entwickelt sich entsprechend den Bedingungen, die wir anbieten. Hier zeigt es lockeres Wachstum und vor allem kontrollierbar. Algen? Fehlanzeige.

Foto: F. Bitter

***Taxiphyllum alternans*,**
Taiwan-Moos

Ähnlich wie beim Spiky-Moos muss man hier nichts tun, außer Geduld haben. Für das 60-cm-Cube habe ich nur einige Moos-Stücke zwischen die Drachensteine gesteckt, den Rest erledigt das Moos selbst, es sucht sich den Weg nach oben meist alleine, ein regelmäßiger Rückschnitt lässt es kompakter wachsen. Garnelen lieben übrigens Moos und auch Nachwuchs ist damit wahrscheinlicher, da die Jungtiere sich dort verstecken können und auch genug Futter vorfinden.

Foto: F. Bitter

***Marsilea hirsuta*,**
Zwergkleefarn

Diese kleine Vordergrund pflanze entwickelt sich super, wenn man ihr etwas Zeit lässt. Die im Handel angebotenen Pflanzen sind meistens über Wasser gezogen. Vor dem Einpflanzen einfach diese Blätter komplett abschneiden und nur die Wurzeln (Rhizome) in den Bodengrund einpflanzen. Dann entwickeln sich ganz von alleine die kleinen etwa ein Zentimeter großen, leicht herzförmigen Unterwasserblätter.

Pogostemon helferi, Kleiner Wasserstern

Eine wunderschöne Pflanzen, die gerade in kleinen Nano-Becken super wächst, da sie dann relativ viel Licht abbekommt. CO_2-Zugabe ist sehr förderlich für das Wachstum dieser Pflanze. Ausnahmen bestätigen aber die Regel, manchmal wuchert diese Pflanze auch ohne Zugabe von CO_2 bestens.

Foto: B. Wallach

Hygrophila pinnatifida, Gebuchteter Wasserfreund

Eine relativ neue Pflanze und eine mit Siegerqualität. Diese typische Stängelpflanze ist als einzige mir bekannte Art in der Lage, überall anzuwachsen: auf Steinen, Wurzeln, Kies und sogar Filterausläufe hat sie schon besiedelt. So kann man Teile der Pflanze einfach in eine Ritze eines Steines stecken und in zwei Wochen ist sie festgewachsen. Mit CO_2-Zugabe kann die *Hygrophila* fast komplett rote Blätter bekommen, ohne CO_2 bleibt sie eher grün.

Cryptocoryne crispatulata var. _balansae_, Genoppter Wasserkelch

Für Aquarien ohne CO_2 ist sie eine der besten Pflanzen und wächst mit wenig Licht. Also prima geeignet für den Hintergrund in den meisten Aquarien. Und hartes Wasser verträgt sie auch noch bestens. Je nach Aquariengröße wird die Pflanze 60 bis 70 cm lang und legt sich dann automatisch auf die Wasseroberfläche. Anfänglich kann es etwas dauern bis die Pflanze richtig anwächst, aber dann kann die *Cryptocoryne balansae* ein fast lebenslanger Begleiter sein.

Helanthium tenellum, Zwergamazonaspflanze

Dieser Klassiker besticht durch seine Einfachheit. Insbesondere die in InVitro-Kultur gezogenen Pflanzen passen sich wunderbar an die Unterwasserwelt an. Bei unserem Beispielaquarium hat die kleine Graspflanze nur etwas wenig Licht bekommen, aber trotzdem hat sie sich noch ganz gut entwickelt. Je nach Zuchtform und Beleuchtungsintensität kann es vorkommen, dass man zum Teil rötliche Blätter zu sehen bekommt. Im Normalfall wird die Pflanze sechs bis acht Zentimeter hoch und wächst durch Seitenausläufer in fast alle Richtungen.

Ranunculus papulentus

Noch relativ unbekannt und auch erst seit 2010 ständig auf dem Markt, kommt diese australische Pflanze mit einer spektakulären Blattform daher. Die gezackten Blätter in leichter Regenschirmform sorgen im Aquarium für Aufsehen. Allerdings sollte man dieser Pflanze auf jeden Fall CO_2 zuführen.

Eleocharis parvula, Zwergnadelsimse

Einer meiner Lieblinge für den Vordergrund. Und besonders die InVitro gezogenen Pflanzen kann ich jedem nur ans Herz legen. Auch wenn sie etwas Zeit braucht bis sie in Schwung kommt, wird die Geduld mit einem richtigen Rasenteppich belohnt. Mit einer Höhe von etwa drei bis vier Zentimetern bei normal beleuchteten Aquarien, wie unser Premium-60er-Set, ist sie die ideale Pflanze, die sich viele wünschen. Gerade auch für die kleinen Nano-Aquarien von 10 bis 30 Litern eine tolle Wahl.

Garnelen, Schnecken, Fische

Fotos: C. Lukhaup

***Neocaridina heteropoda* var. red, Sakura-Garnele**

Die kleinen roten Helfer sind im Aquarium das Highlight. Schon nach zwei Wochen haben sich die Tiere in der Regel vermehrt und zwischen dem Moos entdecken wir winzige Babygarnelen. In einer größeren Gruppe fühlen sich die Garnelen besonders wohl und verlieren auch sehr schnell ihre Scheu.

***Caridina* cf. *cantonensis* 'Crystal Red', Kristallrote Zwerggarnele**

Diese kleinen Perlen passen super zu unserem eher dunkel gehaltenen Bodengrund und auch als Kontrast zu den Pflanzen und mit einer Endgröße von zwei bis drei Zentimetern sind sie ideal geeignet für diese Aquariumgröße.

***Caridina multidentata*, Amanogarnele**

Die Garnelen wenn es darum geht, aufkommende Algen zu vermeiden. Sie sind durch ihre relativ große Endgröße nicht immer dazu geeignet mit den kleineren Garnelen vergesellschaftet zu werden. Aber zwei bis drei Exemplare gehen meistens gut.

Fotos: C. Lukhaup

***Caridina* cf. *cantonensis*, Black-Bee-Garnele**

Vom Verhalten und der Pflege her haben sie die gleichen Ansprüche wie die 'Red Bee' im 60er-Cube. Allerdings passt diese Variante etwas besser zu dem in Braun gehaltenen Layout. Toll sieht es aus, wenn die Garnelen durch das Gras aus Zwergnadelsimse wandern.

***Caridina* cf. *cantonensis* 'Tiger', Blue/Black Tiger, Tigergarnele**

Der Name leitet sich vom auffälligen Tigermuster ab, das aus etwa fünf bis sechs Querstreifen und gelegentlich auch einem schönen Rückenstrich besteht. Sie sind eine allesfressende, recht unproblematische Art.

Caridina cf. _babaulti_ 'Green', Grüne Zwerggarnele

Sie sind von gelbgrüner bis kräftig grüner Grundfarbe. Auch im Zusammenleben mit Fischen und anderen Garnelenarten ist es eine unaggressive, friedliche Art.

Fotos: C. Lukhaup

Neocaridina cf. _zhangjiajiensis_ , Weißperlen-Zwerggarnele

Der Name weist auf die schneeweißen, gut sichtbaren Eier der Weibchen hin. Sie ist sehr vermehrungsfreudig und bringt etwa 40 vollständig entwickelte Jungtiere zur Welt. Gefressen wird alles von Trockenfutter, Frostfutter bis zu vielen Gemüsesorten.

Caridina serratirostris, Ninja-Garnele

Die schönen, kontrastreich gefärbten Zwerggarnelen sind sehr hilfreich bei starkem Algenwachstum. Ihre Larven benötigen allerdings Brack- oder Meerwasser, weshalb sich die Tiere im Süßwasseraquarium leider nicht vermehren.

Fotos: C. Lukhaup

***Vittina coromandeliana,* Zebra-Rennschnecke**

Eine sehr attraktive Art, die etwa 2,5 Zentimeter groß wird. Sie hat eine konische Form und eine glatte Oberfläche und bevorzugt Temperaturen zwischen 20 und 25 Grad. Wie bei der *Clithon* sind auch hier die Larven im Süßwasseraquarium nicht überlebensfähig.

***Clithon sowerbyana* Geweihschnecke**

Diese kleinen fleißigen Tierchen sind sozusagen das „must have" in jedem Set. Ständig sind sie dabei, auf Steinen, Wurzeln, Pflanzen und Scheiben möglichen Aufwuchs und Algen abzuweiden. 10 bis 15 Tiere können gehalten werden.

***Pomacea bridgesii,* Goldene Apfelschnecke**

Im Gegensatz zu anderen Apfelschnecken vergreift sich *P. bridgesii* nicht an Wasserpflanzen. Sie vermehrt sich auch im Aquarium, wenn man mehrere Schnecken hält. Neben der goldfarbenen Variante gibt es inzwischen Züchtungen in mehreren anderen Farben.

***Marisa cornuarietis*, Paradiesschnecke**

Eine Apfelschnecke mit besonders schönem Streifenmuster, die allerdings Ihre Wasserpflanzen verputzt, wenn sie für ihren Appetit nicht ausreichend pflanzliche Nahrung in Form von überbrühtem Gemüse bekommt.

***Planorbella duryi*, Bunte Posthornschnecke**

Die Bunte Posthornschnecke gibt es in verschiedenfarbigen Züchtungen. Posthornschnecken sind Zwitter und befruchten sich selbst. Als Nahrung dienen Aas, abgestorbene Pflanzen, Algen und Futterreste. Ein Aufenthalt oberhalb der Wasseroberfläche ist ein Zeichen schlechter Wasserwerte.

***Boraras brigittae*, Moskitobärbling**

Klein, knallrot und einfach nur schön. Für Aquarien, die auch noch relativ dicht bepflanzt sind, sind diese kleinen Bärblinge super geeignet. Zwei bis drei Zentimeter, größer werden sie nicht und können in einer Gruppe von 15 bis 20 Tieren in einem Aquarium unserer Größe gehalten werden.

***Micropoecilia parae*, Para-Molly**

Die kleinen Lebendgebärenden passen super in dieses Aquarium. Je nachdem, wie der Lichteinfall ist, schimmern die Männchen stahlblau und sind immer auf der Suche nach den dreimal so großen Weibchen, die allerdings mit Farbe etwas geizen.

Foto: B. Kahl

***Corydoras pygmaeus*, Zwergpanzerwels**

Der kleine Zwergpanzerwels wird etwa 2,5 Zentimeter groß und sollte in Gruppen von acht bis zehn Tieren gehalten werden. Er bevorzugt weiches bis mittelhartes Wasser und ist ein Allesfresser, der auch übrig gebliebenes Futter am Boden des Aquariums aufnimmt.

***Hemigrammus erythrozonus*, Glühlichtsalmler**

Sehr schöner, friedlicher Schwarmfisch, der gut mit anderen Fischen zusammen gehalten werden kann. Wird etwa dreieinhalb Zentimeter groß und ist ebenfalls ein Allesfresser.

Foto: C. Lukhaup

Nannostomus marginatus, Zwergziersalmler

Gut geeignet für ein Gesellschaftsaquarium. Die Art sollte in Gruppen von sechs bis acht Tieren gehalten werden. Die Tiere werden etwa 3,5 cm groß und sind Allesfresser. Sie bevorzugen zum Laichen Moospolster oder fein gefiederte Pflanzen.

Foto: C. Lukhaup

Aphyosemion australe, Kap-Lopez-Prachtkärpfling

In der Gattung *Aphyosemion* gibt es viele, klein bleibende Killifische. Neben der sehr farbigen Art des Kap Lopez gibt es noch eine goldene Farbform. Sie sind sehr anpassungsfähig und bevorzugen eine dichte Bepflanzung.

Trigonostigma espei, Espes Keilfleckbärbling

Espes Keilfleckbärbling sollte in nicht zu kleinen Gruppen gehalten werden (10 bis 15 Tiere), weil er ein sehr geselliger Fisch ist. Bevorzugt wird ein Aquarium mit dichtem Bewuchs und einigen Schwimmpflanzen. Es sind ebenfalls Allesfresser.

Foto: C. Lukhaup

So schön kann Aquascaping sein

Eine Auswahl meiner Gestaltungsbeispiele

540 Liter

Dieses Layout war eines der ersten, in dem ich eine beleuchtete Rückwand installiert habe. Es ist so angelegt, dass in der Mitte leicht versetzt eine Art Flusslauf dargestellt wird. Durch die blau leuchtende Rückwand bekommt es einen tollen Tiefeneffekt. Beleuchtet wurde das Aquarium mit 4 x 54 Watt T5-Röhren.

500 Liter

Ein Aquascape, bei dem die Bepflanzung im Vordergrund stand. Ganz leicht schauen noch vereinzelt ein paar Äste der Moorkienwurzeln aus dem Dickicht. Als Beleuchtung dient eine Hängeleuchte mit 2 x 70 Watt HQI.

400 Liter

Ein Aquascape, das für eine Messe gestaltet wurde. Dieses Becken ist aus Acrylglas, das in Europa im Gegensatz zu den USA nicht so häufig verwendet wird. Der Vorteil ist eine sehr klare Sicht und ein relativ leichtes Eigengewicht. Nachteilig ist allerdings die Anfälligkeit für Kratzer.

60 Liter

Ein Layout, das unter einfachen Bedingungen entstanden ist: moderates Licht (2 x 24 Watt, T5) und manuelle CO_2-Zugabe (1 Blase pro Sekunde). Gedüngt wurde es täglich mit einem Volldünger. Das Geheimnis dieses Aquariums liegt eindeutig im vulkanischen Aktivbodengrund, der das Wasser schon mit den wichtigsten Nährstoffen angereichert und für entsprechend weiches Wasser gesorgt hat. Auch der indirekt beleuchtete Hintergrund gibt dem Aquarium (siehe auch großes Foto S. 85) einen besonderen Reiz.

250 Liter

Ein Aquascape der anderen Art: schwebende Kugel vor einem laufenden Plasmabildschirm. Was so einfach aussieht, war gut vorbereitet. Über drei Monate lang wurden die Kugeln gehegt und gepflegt. Dann 600 Kilometer weit auf eine Messe transportiert und dort in Szene gesetzt. Dafür (siehe auch großes Foto S. 85) gab es den Sonderpreis 2011, anlässlich der „Art of Planted Aquarium" in Hannover.

20 Liter

Preisgekröntes Nanobecken, in das ich eine besondere Dekoration eingesetzt habe: eine japanische Holzkohle, die normalerweise zur Luftreinigung verwendet wird. Sie ist so hart, dass sie nur mit einer Diamantsäge durchtrennt werden kann.

700 Liter

Ich nenne dieses Becken „Low Maintenance"-Layout. Also, gute Bepflanzung aber relativ geringer Pflegeaufwand. Das Aquarium ist fast 80 Zentimeter hoch und wird mit 2 x Doppelbalken-T5 beleuchtet (2 x 39 Watt pro Balken). Gerade für große Aquarien eignet sich diese Art der Bepflanzung am besten.

540 Liter

Ein Klassiker, das Weltmeister-Aquarium des AGA Contest 2004 (Aquatic Gardener Association, USA). Hier waren die Pflanzen das eigentliche Highlight. Die Vordergrundpflanze: *Hemianthus callitrichoides* ‚Cuba' hatte ich für dieses Aquarium als Neuheit geliefert bekommen, und sie entwickelte sich dort spektakulär. *Luwigia verticilata* var. *incilata* ‚Cuba' geben dem Layouthintergrund einen besonderen Touch. Beleuchtet wurde das Aquarium mit 3 x 54 Watt und 1 x 39 Watt T5.

180 Liter

Ein spezielles Layout, das wie das „Set 3 Premium" in diesem Buch ausschließlich mit InVitro-Pflanzen aus dem Labor bepflanzt worden ist. Der Vorteil bei dieser Bepflanzung ist ein sehr geringer Pflegeaufwand, da diese Pflanzen kaum zurückgeschnitten werden müssen. Ganz außergewöhnlich ist das Moos zwischen den Steinen (Seegebirge), das sich aus ein paar ausgetrockneten Moosstücken auf den Steinen von alleine entwickelt hat. Beleuchtet wurde das Aquarium mit 2 x 39 Watt und es stellt ein klassisches Iwagumi-Aquascape dar.

Die praktischen Fibeln für Einsteiger und Profis

Harro Hieronimus

Einsteiger Fisch-Fibel

Pflegeleichte und schöne Aquarienfische

96 Seiten, ca. 270 Farbfotos, geb.
ISBN 978-3-935175-52-4

Aus langjähriger Praxiserfahrung stellt der Autor Fische für den erfolgreichen Einstieg in die Aquaristik vor. Dazu praktische Haltungstipps, Hinweise zur Aquarienausstattung und richtigen Vergesellschaftung.

Carsten und Frank Logemann

Garnelen-Fibel

Süßwassergarnelen für Anfänger und Fortgeschrittene

4. Auflage, 96 Seiten, 150 Farbfotos, geb., ISBN 978-3-935175-38-8

Die Autoren haben in dieser Grundlagen-Fibel alles notwendige Wissen über Haltung und Pflege, Einrichtung des Aquariums, Technik, Futter, Paarung und Vermehrung sowie Krankheiten zusammengetragen und äußerst unterhaltsam und anschaulich dargestellt.

Bertram Wallach

Pflanzen-Fibel

Die schönsten Pflanzen fürs Aquarium

96 Seiten, 232 Farbfotos, geb.
ISBN 978-3-935175-75-3

In diesem handlichen Lexikon findet der Leser rund 150 Aquarienpflanzen übersichtlich in Text und Bild vorgestellt. Ob Rosetten- oder Stängelpflanzen, Moose, Farne, Seerosen oder Schwimmpflanzen – hier findet man für jede Stelle im Aquarium eine ansprechende und geeignete Auswahl.

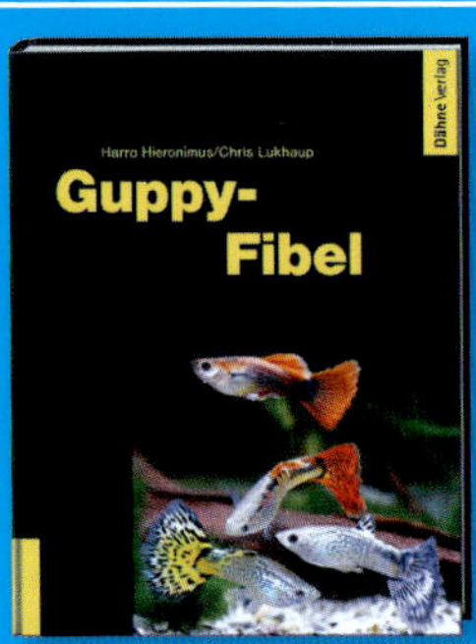

Harro Hieronimus/Chris Lukhaup

Guppy-Fibel

Erfolgreiche Pflege und Zucht

96 Seiten, 150 Farbfotos, geb.
ISBN 978-3-935175-71-5

Ihre Farben- und Formenpracht und ihr faszinierendes Verhalten machen Guppys bei Einsteigern besonders beliebt. In diesem Praxisbuch bietet das Autorenduo alles Wissenswerte über den sogenannten Millionenfisch und seine erfolgreiche Haltung und Zucht im Aquarium.

Friedrich Bitter

Schnecken-Fibel

Attraktive und nützliche Tiere im Süßwasseraquarium

92 Seiten, 200 Farbfotos, geb.
ISBN 978-3-935175-45-6

Schnecken erfreuen sich einer wachsenden Beliebtheit in der Aquaristik. Sie können überaus nützliche Lebewesen im Becken sein und sind auch optisch sehr reizvoll. In dieser Grundlagen-Fibel ist das notwendige Basiswissen über diese faszinierenden Wirbellosen zusammengetragen.

Dähne Verlag
Ich weiß.

Dähne Verlag Gmbl
www.aquaristik-onl
service@daehne.de

EHEIM
aquastyle
NEU
Das kleine Paradies im Wohnzimmer
NEU: Jetzt auch in Weiß
Neues entdecken und verwirklichen – das war bei EHEIM schon immer die große Leidenschaft.
Mit „EHEIM aquastyle“ haben wir nun einen neuen Trend aufgegriffen, unsere hohen Ansprüche an Qualität und Design einfließen lassen und ein exzellentes Nano-Aquarium geschaffen. Einen wunderschönen kleinen Glaskubus, kombiniert mit hervorragender Technik und Ausstattung. Sie werden begeistert sein.
EHEIM Deco Set – die perfekte Dekoration für Ihr EHEIM aquastyle 16, 24, 35 l Nanoaquarium.
Set bestehend aus:
■ Naturkies, anthrazit (6,5 kg)
■ karstige, graue Natursteine (3 Stück)
■ Yati-Echtholz Naturwurzeln (2 Stück)
Mehr Informationen unter: www.eheim.de
EHEIM
aquastyle
Deco Set